信息系统协会中国分会(CNAIS)

# 信息系统学报

# CHINA JOURNAL OF INFORMATION SYSTEMS

第8辑

清华大学经济管理学院　编

清华大学出版社
北　京

**图书在版编目（CIP）数据**

信息系统学报. 第 8 辑 / 清华大学经济管理学院编. --北京：清华大学出版社，2011. 6
ISBN 978-7-302-25877-3

Ⅰ. ①信…　Ⅱ. ①清…　Ⅲ. ①信息系统—丛刊　Ⅳ. ①G202-55

中国版本图书馆 CIP 数据核字(2011)第 114957 号

责任编辑：贺　岩
责任校对：王凤芝
责任印制：杨　艳
出版发行：清华大学出版社　　地　　址：北京清华大学学研大厦 A 座
http://www.tup.com.cn　　邮　　编：100084
社　总　机：010-62770175　　邮　　购：010-62786544
投稿与读者服务：010-62776969，c-service@tup.tsinghua.edu.cn
质　量　反　馈：010-62772015，zhiliang@tup.tsinghua.edu.cn
印 装 者：北京国马印刷厂
经　　销：全国新华书店
开　　本：205×282　印　张：7.75　字　数：205 千字
版　　次：2011 年 6 月第 1 版　　印　　次：2011 年 6 月第 1 次印刷
印　　数：1～2000
定　　价：30.00 元

产品编号：043679-01

# 《信息系统学报》编委会

# Editorial Board, China Journal of Information Systems

**通 讯 地 址**

北京市清华大学经济管理学院《信息系统学报》,邮政编码:100084。

联系电话:86-10-62773049,传真:86-10-62771647,电子邮件:CJIS@sem. tsinghua. edu. cn,网址:http://cjis. sem. tsinghua. edu. cn。

# 《信息系统学报》审稿专家

# 信息系统学报

（第 8 辑）

## 目　　录

# China Journal of Information Systems

## CONTENTS

# 主编的话

2011年春季,《信息系统学报》第8辑在全国各地信息系统领域研究者的积极支持以及海内外学者的广泛关注下与大家见面了。本辑学报秉承一贯的强调学术前沿与严谨研究方法的风格,致力于体现管理与技术并重的特点,收录了多篇国内外学者的最新研究成果,其内容涵盖了多个不同的研究主题和多样化的方法论。其中包括美国罗杰威廉姆斯大学嘉百利商学院李裕龙助理教授对中国小型企业推行ERP系统失败案例的研究,哈尔滨工业大学赵丽梅等对企业在信息化项目建设中的不利选择处境与败德行为的研究,电子科技大学陈瑶等对社交网站持续使用的实证研究,河北工业大学刘璞等对企业电子商务能力测量模型的研究,东南大学仲伟俊等对动态环境的信息技术增强企业竞争力的机理研究。这些研究工作代表了当前国内信息系统学术领域的一个重要组成部分,并以严格、规范的研究方法体现了与国际主流发展的融合。

此外,本辑学报专门发表了两篇领域综述,以期为相关研究工作提供更为宽阔的视野。其中,哈尔滨工业大学王长林等对中国移动政务研究的现状及特征进行了全面、深入的介绍和剖析;大连理工大学闵庆飞等对信息系统研究中的"匹配"理论进行了讨论。这些论文也充分体现了国内相关研究较为坚实的基础和持续稳健的发展。

同时,本辑学报以"学科建设"为主题,继续开设"专家通讯"这一专栏。本辑"专家通讯"中,我国管理信息系统资深学者、复旦大学薛华成教授专门撰文对信息系统专业未来的发展方向进行了分析和展望;我国信息系统学科早期主要开拓者之一、清华大学的侯炳辉教授回顾了我国信息系统领域30年来的发展历程并阐述了当前形势下的新认识;清华大学出版社索梅、首都经济贸易大学牛东来就即将制定完成的中国高等院校信息系统学科课程体系(CIS2011)进行了介绍。我们相信,"专家通讯"这样的交流形式,将有助于促进学界和业界的交流互动,增进学术研究的前沿性和实践指导价值,推动信息系统应用与管理水平的提升。

谨向关心和支持《信息系统学报》的国内外学者同仁及各界人士致以深深的谢意,同时感谢参与稿件评审的各位专家的细致工作,并对清华大学出版社在编辑和出版过程中的辛勤工作深表谢意!

**主　编**　陈国青

**副主编**　黄丽华　李　东　李一军　毛基业　王刊良

2011年3月于北京

信息系统学报
(第8辑)：1－13
China Journal of Information Systems
1－13

# 中国小型企业推行ERP系统失败案例初探

李裕龙
(美国罗杰威廉姆斯大学嘉百利商学院，罗德岛州布里斯托尔02809)

**摘 要** 首先在总结以往文献的基础上提出了高层支持、文化影响、资源配备、技术准备、系统设计与配置、员工培训、项目管理、变革管理和系统供应商售后服务九大成功推行ERP的关键因素，然后在此基础上详细记录和分析了一家中国小型饲料企业推行ERP系统的具体失败过程。最后还为ERP从业人员提出了五项具体实施建议。

**关键词** 企业资源规划(ERP)，关键成功因素，中国小型企业

**中图分类号** C931.6

企业资源规划(ERP)是新一代多模块、集成化的信息管理应用系统。诸多文献和实际经验证明了它在优化企业资源、改善企业业务流程和提高企业核心竞争力等方面的卓越功效。推行ERP已经成为当今企业信息化和现代化的重要组成部分。Gattiker和Goodhue[1]以及Wang等[2]进一步指出，推行ERP的热潮还将会在全世界范围内持续很长一段时间。

中国在过去的30年经历了从农业社会到现代工业化经济的巨大变迁[3]。面对国内国际二元市场的同步发展，越来越多样化的顾客需求和日渐增强的市场波动，使中国企业明显感受到了前所未有的强大压力。企业必须进一步提高生产效率和加强对外部市场的反应能力，方能保持其市场竞争力[4]。在此背景下，越来越多的中国企业开始尝试由西方发达国家所兴起的信息化商务流程重组。综观国际上今年发表的一份报告显示[5]，中国的ERP发展势头迅猛，在2008年6.93亿元的基础之上，全国ERP市场总值将会保持6.8%的年增长率直到2013年。基于相对雄厚的技术和资金水平，以及与西方企业更为便捷的联系和交流机会，国有大中型企业和外资背景企业是国内推行ERP系统的先行者。与此同时，中国的小型企业也对ERP表现出了日渐浓厚的兴趣。不但有越来越多的小型企业开始小试牛刀，国内ERP软件供应市场也日臻成熟，孕育出了诸如金碟、用友、神州数码等专为国内小型企业做ERP配套的本土服务商。然而，这一现象却没有在学术界得到相应的重视。几乎所有在国内外公开发表的关于ERP在中国的文献仍然仅仅局限于对大中型国有企业和外资背景企业的讨论。国内小型企业对ERP系统的认识还停留在初步摸索阶段，专业的学术研究更是一片空白。

改革开放三十多年来，以乡镇企业和私营作坊为主体的中国小型企业走过了从无到有，到发展壮大的辉煌历程，如今它们已经成为中国经济领域的重要组成部分。Cunningham和Rowley的研究[6]指出，小型企业占2008年中国企业总数的99%，其贡献占有国民生产总值的60%，是促使中国成为“世界工厂”的中坚力量。毫无疑问，学术界应该对中国小型企业实现信息化和现代化给予更多的重视和支持。与其他国家同行或者国内其他类型的企业相比，中国的小型企业在推行ERP系统的过程中面临着一系列独特的挑战：它们通常采用中国传统的家族作坊式管理架构[7]，在与其他企业进行的人力和资源竞争中处于弱势[6]，技术水平和生产设备相对落后[8]，在政策法规上仍被歧视对待[9]。因此，以往文献中所积累的关于推行ERP系统的众多经验和教训并不能完全适用于它们。本文将在讨论ERP成功关键因素的以往文献成果基础上，着眼于具体探讨和分析一家小型饲料制造公司在推行ERP过程中的失败经过和原因。我们希望本文能够对业界提供适当的理论性指导，同时希望对鼓励

这一领域内更多的深入研究起到抛砖引玉的作用。

## 1 成功推行 ERP 系统的关键因素

ERP 系统的推行历来为高失败率所累。诸多研究发现，超过 2/3 的 ERP 项目最后都以失败告终[10,11]，超预算、超工期之类的问题更是司空见惯。而且一旦失败，对相关企业的影响也是巨大的。Chang 等[11]指出，受 ERP 项目昂贵预算所拖累，最后不得不宣布破产的公司并不鲜见。因此，慎重对待 ERP、切忌轻易上马已经成为发达国家业界的广泛共识。在学术界也有相当多研究者致力于探讨成功推行 ERP 系统的必要条件(如文献[12～16])。如果掌握了推行 ERP 的关键成功因素，我们就能够依此对有意尝试 ERP 的企业进行衡量，检测它们是否拥有足够的条件来顺利推行 ERP 系统，同时也可以方便管理者找出当前企业流程中的薄弱环节，便于采取因地制宜的具体推行措施。表 1 总结了文献中六组学者对成功推行 ERP 关键因素的论述。

表 1 文献中关于成功推行 ERP 系统关键因素的总结

| 关键因素 | Shanks et al. ,2000 | Nah et al. ,2003 | Woo，2007 | Lin et al. ,2006 | Zhang et al. ,2002 | Chung et al. ,2008；2009 | 本文 |
|---|---|---|---|---|---|---|---|
| 企业环境 | 高级管理层支持 | 高级管理层支持 | 高级管理层支持 | 高级管理层支持 | 高级管理层支持 | | 高级管理层支持 |
| | | | | | 文化影响 | | 文化差异的影响 |
| | 项目预算 | 项目预算 | | | | | 资源配备 |
| 技术 | 数据准确度 | 系统表现的检测和评估 | | | 数据准确度 | | |
| | | 适当的企业信息系统 | | | 与企业其他系统的兼容性 | 软件选择 | 技术准备 |
| | | 软件开发及测试 | | 恰当的系统模块配置 | | | 系统设计和配置 |
| 人员 | 全方位的项目小组 | 团队合作 | 项目责任小组 | 职能部门的支持 | 整个企业的广泛支持 | 企业各部门的支持 | |
| | 全权项目领导 | 项目小组领导 | | | | | |
| | | 员工交流 | 员工交流 | | | 数据共享 | |
| | 合格员工 | | | | 系统用户的参与 | IT 部门的配合 | |
| | 员工培训 | | 员工培训 | | 员工培训 | | 员工培训 |
| 项目推行流程管理 | 减小系统个性化设置 | 建立在适当个性化设置基础上的企业业务流程重组 | | 系统个性化设置 | 企业业务流程重组 | | |
| | 清晰的项目目标 | 项目计划和目标 | | 总体项目规划 | | | |
| | 项目管理 | 项目管理 | 项目管理 | 项目管理 | 项目管理 | | 项目管理 |
| | 变革管理 | 企业文化变革管理 | 系统变革管理 | | | | 变革管理 |
| 外在 | 外部支持和服务 | | | 外部顾问公司服务 | 系统供应商售后支持 | 顾问公司支持 | 系统供应商售后支持 |

Shanks 等[12]以及 Nah[13]等首开先河，在分析和总结之前文献，着眼于推行企业的内部因素，并各自拟建了一份成功推行 ERP 关键因素的清单。几乎同时，Zhang 等[14]也在这一领域内发表了论文，把影响 ERP 工程结果的诸多因素归结为四大类：①企业内部环境；②人员因素；③技术因素；④企业外部来自 ERP 软件供货商的影响。此外，该论文还针对中国企业的特殊情况，特别指出了国家文化的影响。因为作为舶来品的 ERP 哲学完全建立于西方管理文化之上，它的推行毫无疑问会对基于东方文化的中国企业管理理念带来巨大冲击。此外，Lin 等[15]的研究采用了更狭义的角度，着重分析推行 ERP 系统所需的企业行为，虽然措辞不同，但大体上还是包含了同样一批因素。同样，Woo[16]在一篇关于中国电子企业的案例分析中，也认定了六个与该企业相关的成功因素。而在 2008 年和 2009 年，Chung 等[17,18]则从使用者角度就如何提高使用者对 ERP 系统的满意度提出了多个关于技术方面的因素。总结起来，各位学者的看法大体相似，不过又存在着具体到每个企业的个体差异。Woo[16]和 Chung 等[17]也认为，似乎并不存在一份能够放之四海皆准的通用清单。每个企业应当研习表 1 中的每一个因素，然后结合当时当地的实际情况，找到适合自己的具体因素组合。本文在综合上述研究结果的基础上，选取其中的八个，同时添加“企业资源”，组成九个关键因素来详细论述案例企业推行 ERP 系统的具体过程。需要指出的是，虽然拥有足够的企业资源并没有被上述文献列为推行 ERP 的必要条件之一，但是笔者认为那些研究结论都是基于大型企业单位的情况得出的，它们往往有条件提供充足的技术支持和优厚的项目预算，所以无须专门列出。反观中国的小型企业，人力物力资源的缺乏，恰恰是它们发展的关键瓶颈之一，所以完全有必要把它纳入企业信息化历程的讨论范畴。Qi 和 Prime[19]以及 Ma 和 Dissel[20]的研究也印证了这一观点。表 2 总结了这九大关键成功因素的分类和操作定义。

**表 2　推行 ERP 系统九大关键成功因素的分类和操作定义**

| 分类 | 企业环境因素 | | | 技术因素 | |
|---|---|---|---|---|---|
| 关键因素 | 高级管理层支持 | 文化差异的影响 | 资源配备 | 技术准备 | 系统设计和配置 |
| 操作定义 | 高级管理层对 ERP 项目的重视和具体支持。 | 企业内部环境及外部文化传统和社会理念对企业架构和企业行为的影响 | 企业为 ERP 项目所提供的资金，时间，以及人力等资源 | 企业结构及人员在接受新技术，兼容 ERP 新系统方面的能力 | ERP 系统整体架构设计，业务流程研究，模块具体设计，以及硬件系统的安装和调试 |

| 分类 | 人员因素 | 项目推行流程管理因素 | | 外部因素 |
|---|---|---|---|---|
| 关键因素 | 员工培训 | 项目管理 | 变革管理 | 系统供应商售后服务 |
| 操作定义 | 企业在引导员工态度以及培训员工具体操作 ERP 系统方面所作的各种努力和安排 | 企业为了顺利推行和实施 ERP 所作的所有计划、组织和管理行为 | 企业在处理从老系统老制度到新 ERP 系统过渡过程中就制度更新，资源分配，危机处理等方面的所有计划、组织和管理行为 | 在系统安装和运行过程中由系统供应商所提供的售后服务和技术支持 |

## 2　案例分析方法

Benbasat[20]的方法论研究指出，在探索一个新兴领域或者在系统理论还没有完全形成的情况下，案例分析乃是最佳的研究方法。目前针对中国小型企业推行 ERP 的讨论基本上还是一片学术处女地,本文将采用案例分析法来初探一家位于陕西省的小型饲料企业推行 ERP 系统的失败过程和相应的经验教训。论述中所采用的信息来源于对该企业出版印刷品的分析、多次实地考察,以及对其总经理、项目经理(甲方代表)、收货组员工(ERP 系统终端使用者)和信息技术部 ERP 项目组装配工程师的当面采访。

本文的目标企业(下文简称目标公司)创建于 1995 年,是国内一家主要饲料集团公司的 38 家分公司之一。集团共有雇员 3 690 人,分布于全国 13 个省,年平均销售额达到 30 亿元人民币。全集团采取私营公司常见的家长制管理模式,重要决策由集团创始人/总裁最终定夺。产品线包括适用于各年龄段的鸡、猪、鱼饲料。饲料配方由总部研发部门统一调制核心料,并对其严格保密。每家分公司以独资或者合资的形式独立服务某一特定地理区域。根据当地市场需求,各分公司产品品种搭配略有不用。同时,依据不同季节以及当地动物的营养需求,片区(由多个分公司组成)配方师会小幅调节各分公司的具体核心料及各种辅料的混合比例。此外,分公司在原料采购、生产安排、定价销售等方面拥有相当大的自主权。目标公司位于陕西省,设总经理一名,部门经理 7 名,共有员工 77 名,2009 年实现总销售额 6 800 万元。除普通员工来源于本地外,部门经理以上的员工由总部统一招聘分配,并定期异地轮换。总经理对本公司日常经营全权负责,每季度严格按业绩评估确定奖惩。

## 3　目标公司 ERP 系统推行历程

目标公司采取了从总部自上而下的推行模式。其 ERP 工程的发端来源于总裁本人在 2003 年对其他行业一家企业的参观考察。惊羡于那家公司推行 ERP 后的卓越表现,总裁授意在集团信息技术部内牵头成立 ERP 项目小组,并随后招聘了一名信息系统工程师作为中层副总经理领导该小组,负责于五年内在全集团全面推广 ERP。经过多方比较和讨论,他们最后决定选用 JD 公司平台作为标准系统,按计划逐年在各分公司进行安装调试。

目标公司的 ERP 推行正式开始于 2007 年 6 月。其(分公司)总经理被召往总部参加了为期三天的关于 ERP 基本知识的集中学习。之后财务部经理被任命为本地甲方项目代表,也前往总部参加了为期一周的强化培训,重点学习 ERP 系统的日常操作和简单维护。项目小组紧接着于 2007 年 8 月正式入驻目标公司,开始软硬件的安装。为了降低成本,以及最大限度地减少对日常运作的干扰,项目小组采取了逐步引进新系统的模式。在当前第一阶段,首先安装了供应链管理及财务管理两个模块。其中,在供应链管理的五个子模块中,仅安装了采购管理、生产管理、质量管理和仓库管理这四个,然后保留了由其他服务商所提供的一套老销售管理系统,并将其导入作为第五个子模块。总部的长远规划是以后逐步完善添加计划管理、后勤管理、人力资源管理等其他的模块。不过,即便是项目组的负责工程师,似乎也并不清楚具体的后续时间表。

自 2008 年 1 月起,目标公司在项目组的牵头下展开了深入广泛的全员培训计划。采用总部编发的标准教程,由甲方项目代表(财务部经理)主讲,九节课(共 18 个小时)利用晚上业余时间集中培训了所有雇员。2008 年 2 月 1 日,目标公司 ERP 系统正式上马,全面取代了以前的数据管理方式。同时,项目组撤离,日常维护移交给财务部,由其经理全权负责。

正式运行以后,各种问题层出不穷,远远超过了目标公司总经理的最初预计。首先是与集团财务部的信息交换亮起了红灯。电子报表不但上传速度缓慢,而且时常无缘无故地连接中断或者系统报错。本地设备也是经常死机下线。操作员有时候甚至不得不退回到先用传统纸笔记录,然后等系统正常以后再来补录数据。特别是原料收货组,本来人手就不够,在集中到货的关键时刻,又要对付多出来的系统问题,工作效率大幅下降,对付同等工作量,雇员常常不得不(无薪)加班。搞得大家怨声载道，而且数据错误率比以前的老系统还要高。管理阶层也同样是抱怨不断。好些中层经理反映看不懂系统出的新报表，数据混乱，或是互相矛盾，对他们的管理决策帮助不大。整个企业针对新系统的抵触情绪非常大，有两个关键雇员甚至因此主动辞职离开。

集团条例规定，各分公司实行总经理负责制。总经理本人的考评和薪酬与该分公司业绩紧密挂钩。集团总部在每个季度末对所有分公司经营状况进行大排名，垫底的三名将会在总裁主持的总经理会议上被正式警告。目标公司在 2008 年第二季度比上年同期利润下跌了 12%，虽然没有直接证据显示这一下降是由于新系统在磨合期所带来的诸多干扰所造成，总经理对这一结果仍然是大为光火，唯恐下一季度会进一步下跌，于是动用了他在集团总部的私人关系，说服了一位副总裁，在运行 ERP 系统 8 个月之后，于 2008 年 10 月将其抛弃，回归传统管理和核算方式。自此，整个 ERP 推行工程彻底落下帷幕，以完全失败而告终。为了具体探讨目标公司失败收场的深层次原因，下文将在前述的九大关键因素的基础上逐一就其推行过程做详细讨论。

## 3.1 文化差异

社会文化对企业环境的深远影响早已是管理学界的共识[21]。Davison[22] 和 Martinsons[23] 也证明，文化差异会带来企业行为差异，从而影响企业选择和推行新一代信息系统的具体过程。Avison 和 Malaurent[24] 进一步指出，建立在西方行为体系基础上的 ERP 管理哲学和中国企业文化之间存在巨大差异，因此毫无疑问会给中国企业推行 ERP 带来诸多额外的挑战。

孔孟儒家哲学是几千年来规范中国社会行为的最主要思想体系，其中一个核心准则就是“礼治”、“尊卑”，即社会的和谐与发展来源于稳定的等级秩序。人与人之间该如何交流取决于双方的贵贱、尊卑、长幼和亲疏关系[25]。中国小型企业常常采用家长制管理模式，管理者拥有相对较高的社会地位，决策权神圣而不受下属的质疑或挑战，决策过程也一般取决于其个人的思维认知，而非基于西式的客观数据分析[21][23]。ERP 以及其他的决策支持系统当然也就相应地比较难予得到国内小型企业管理者的真正重视，因为他们担心决策自动化会让他们与下属的关系趋于平等，从而淡化他们在企业内的权威。在目标公司，我们不难发现，管理决策者似乎更愿意相信自己的商业判断力，而不屑于依靠一份由下属通过操作计算机系统生成的报表来告诉他们该做什么、怎么做。

对社会关系网的空前重视是中国商业文化的另一个显著特征。中国企业，特别是小型私有企业特别注意建立和维护人与人之间以及企业之间的相互信任、和谐的社会关系[8]。在商业交流当中，他们通常习惯于面对面地直接交流[23]，在饭桌上谈生意。西方学者认为(如文献[23]，[26]，[27])，中国的商业交往少有直来直去、开门见山，而崇尚含蓄委婉，需要相对复杂的语境来帮助传递信息。因此，ERP 平台上简单的电子间接交流方式根本无法满足企业间及企业内各部门之间的大量日常商业交流的需要。

虽然每一个在国内运作的企业都会或多或少地受到中国传统文化的影响，不过大中型国有企业及外资背景企业往往可以通过复杂的管理架构和系统的企业规章制度来抑制上述这些因素[8]。然而，由于中国小型企业的家族作坊式管理模式和不完善的企业制度，它们受中华文化影响的程度是不可同日而语的。事实上，我们在采访中发现，目标公司主要的部门间沟通方式仍然是每周一上午的中层干部例会。总经理本人也承认与外部供货商及经销商洽谈合同大部分都是在酒桌上谈成的，用电子间接方式代替“完全不可想象”。

## 3.2 企业资源配备

虽然对任何企业来说，推行 ERP 系统是一项复杂而昂贵的工程[10]，中国小型企业却面临更为艰巨的挑战。Wang 和 Yao[28]以及 Shin 等[27]指出，中国私营企业进入国家正规融资渠道历来比较困难，私营业主对进行企业基础设施建设和更新的长期投资历来较为谨慎。在这种背景下，中国小型企业普遍设备落后，信息化程度不高[24]，推行 ERP 的预算当然也相当有限。面对 SAP 和甲骨文等国际主流 ERP 系统动辄数百万元的要价，这些小型企业哪怕是不得不在系统质量和表现上做出牺牲，也很难拒绝国内供应商平均才 70 万元人民币的简易化产品[29]。事实上，对目标公司项目小组安装工程师的采访中，我们也证明系统价格是它们最后选择 JD 系统的最主要因素之一。此外，目标公司还在整个推行过程的各个方面过分精打细算，预算管理相当苛刻。首先目标企业拒绝了专业顾问公司的配套安装服务，而仅仅依靠公司自己的信息技术部负责全部安装调试工作。非专业的人员自然无法提供专业的服务，资源单薄的项目领导小组对运行中的诸多问题显得比较力不从心。

为了进一步降低成本，美其名曰阶段式推行模式仅仅非完全安装了两个主模块，其中还并入了一个由其他厂商提供的销售管理系统作为子模块。系统兼容问题首先就值得商榷，然后非完全安装无法覆盖整个企业运行环节，系统效果自然又再打一个折扣，从而加剧了目标公司本地管理层对 ERP 系统的失望和反对。

## 3.3 技术准备

缺乏相应的技术准备是中国小型企业的另一个挑战。Shi 等[27]指出，这类企业普遍缺乏技术储备、信息化程度较低、雇员水平参差不齐。对目标公司的观察显示，其信息设备之间的兼容性设计考虑不周。财务部与集团总部进行报表交换的连接带宽有限，而且双方的防火墙设置也有问题，常常干扰信息传输。底层普通雇员的信息技术水平更是堪忧。除财务部外，其他部门的员工有超过一半甚至没有高中毕业，这些人对计算机的了解仅仅局限于网页浏览、Flash 游戏或者网络聊天的阶段，要熟练使用 ERP 系统的多层次、多菜单复杂界面就比较困难。收货组的一名员工就抱怨，在忙于为卡车过秤的过程中，她根本无法兼顾到要在各个子菜单之间来回切换以输入数据。为了完成任务，她只好要么称量不准确，就记个大概数字，或者先抄到纸上，在车与车间歇的当口再补登进系统。这样一来，数据准确性和时效性自然令人担忧。

## 3.4 高级管理层的支持

诸多文献历来强调高级管理层的支持对成功推行 ERP 系统的重要作用（如文献[12～16]、[31]）。Liang 等[31]认为，高层对 ERP 项目的明确支持有助于消除员工疑虑、整合企业资源，以及解决潜在纠纷。然而，我们在调查中发现，目标公司的 ERP 项目没有得到集团总部及本地领导层的足够重视。虽然被官方定位为全集团战略性项目，但总部高层的很多领导仍然把 ERP 看成是信息技术部的局部技术革新，没有给予真正的关心和支持。集团总裁虽然对 ERP 项目寄予厚望，但是又长期忙于其他事务，分身乏术，无法对项目工作组给予持续的实际帮助。

在基本组织架构的设计上，项目组也注定了难以与其他部门实现真正的深层次合作。首先，项目小组被安置在信息技术部之内作为副中层机构，在与上级多位副总裁以及其他中层职能部门的沟通中无法平起平坐，特别是牵涉到部门利益冲突和分歧的时候，更是常常被轻易忽略。其次，项目组负责人进入集团不到一年，之前他是一名来自其他行业又毫无重大项目管理经验的 IT 工程师。在项目推行的重要关头，他其实还没有来得及建立起足够的政治背景和关系网络，所以在协调总部和分公司的方方面面时就显得困难重重。在我们的访问中显示，具体的安装日程不止一次被分公司随意更改，甚至也没有知会项目组；专用的硬件设备资源也曾被总部的其他部门挪用，影响了进度。目标分公司的总经理曾经还公开指责项目组影响了生产部门的日常运作，多次干扰项目设备调试，而且在员工培训安排上掐头去尾缩短时间，还将培训时间全部放在晚上下班之后。员工自然怨声载道，从而严重影响了最终的培训效果。

## 3.5 项目管理

ERP管理哲学建立在成熟的商业运作之上。Brown 和 He[32]认为，企业业务流程规范化是ERP系统体现其优势的必要条件之一。中国商业社会中还广泛存在的不尊重规则、推崇“人治”的管理理念意味着需要进行更深入的战略分析和更仔细的项目规划，这样才能够确保ERP项目工程的顺利实施。然而，近年来的飞速发展，目前正在经历着成长烦恼的中国小型企业却恰恰疏于在管理业务流程再造和大型技术创新项目方面的实践经验。

我们的观察发现，集团总部并没有对ERP项目做出具体的长远规划。项目组内部的安装工程师对后续时间表都表示不甚了然，而且总体上的项目战略目标也没有被清晰地传达到下级分公司。即便是在培训以后，目标公司的管理层和员工仍然普遍将ERP视为简单的局部技术革新，错误地认为这只是牵涉到财务部和生产部的数据输入。此外，每一个分公司的具体情况以及各地分公司之间的实际差异也没有被给予足够的重视，项目组忽略了对当地员工的实际操作程序进行深入研究和优化，而是安排了整齐划一、完全雷同的ERP系统到所有的分公司。在具体安装调试的过程中，项目组也只是将大体安排通知目标公司，而没有把详细的工作日程和目标公司管理层进行沟通，以至于工作组单方面制定的阶段性目标和时间表不切实际，而且与分公司的日常工作计划存在冲突，从而加剧了本地员工对项目的反感和抵触，让互相合作完全无从谈起。

## 3.6 企业变革管理

推行ERP的过程乃是企业变革的过程，很多时候全公司从上到下都要经历一场根本性的变革[33]。推行和实施ERP系统同时涉及业务流程的重新设计，以及在较短的时间内重塑员工观念、态度和行为。若处理得稍有不慎，对小型企业来说就会成为一场灭顶之灾。因此，诸多研究认为(如文献[12]、[13]、[16]、[34])，企业变革管理乃是整个ERP项目成败的关键因素。Woo[16]进一步指出，中国小型企业在推进变革中的一个重要障碍就是管理层对以往经验的过分依赖和对维持企业稳定的过分重视。长期浸淫于“山寨文化”，中国的小型企业，特别是小型私企已经形成了安于现状、不思进取的企业心态，长期以来严重缺乏大型组织变革的管理经验[35]。在不得不需要变革的情况下，管理阶层往往表现为抓不住重点、无所适从[16]。

在目标公司的整个安装调试过程中，ERP项目工作组基本上是关起门来独立运作，没有用心地与当地管理层协调，也没有意识到广大员工对新系统的疑虑和抗拒。用目标公司甲方项目代表(财务部经理)的原话来说，他认为总部其实仅仅是在“跟风业界的流行趋势”，没有真正研究过ERP将会“对基层管理者带来怎样的观念性变革”以及“对普通员工具体工作程序带来什么样的具体冲击”。因而，在面对冲突的时候显得比较僵化，比如，不容许本地员工对流程设计提出任何异议。在处理新旧系统交替所带来冲击的时候眼界也过于狭窄。项目组仅仅考虑了通过保持原有的销售管理系统来降低新系统对日常运作的干扰，却没有考虑非完全安装系统对生产效率的提高有限、对管理决策的帮助有限，从而影响了员工真正认识推行ERP的重大意义。

## 3.7 员工培训

中国小型企业历来不重视员工培训，而将其视为能省则省的额外性开销。Au 等[36]认为，由于中国供大于求的劳动力市场现状，企业一般急功近利，只雇用能够在工作上立即上手的人员，很大程度上忽略了为员工提供职业发展的机会，让员工和企业共同发展。

集团总部曾召集各分公司总经理举行 ERP 特别培训研讨会，然而，却没有将其规定为强制参加。目标公司的总经理自述缺席了超过一半科目。在与他的谈话中也显示，他根本没有认识到 ERP 管理哲学的真谛，而是将 ERP 系统称为总部监视他日常工作的"间谍机制"。由甲方项目代表主讲的全员培训班在安排上也存在问题。虽然他本人认真参加了为期一周的强化培训，但是作为一名从业近 20 年的会计师，他并没有多少计算机信息系统使用和维护的实际经验。他所有关于 ERP 的知识还都是刚刚从总部培训班获得的，未必真正理解透彻，就贸然被推上讲台搞员工培训，难免照本宣科，比较生硬。

在培训安排方面，全体雇员，不分职能都是在两小时一节的九节大课上共同学习。需要直接操作新系统的员工，再单独安排一个小时的额外辅导。首先培训时间就不够，总经理仅仅允许 18 个小时，这是总部所规定的最短时间，而且还统统安排在下班后的业余时间。不少员工表示"感觉很累"，对无薪培训表示"失望"。此外，集中上大课的培训方式也有待商榷，受众职能不同，对新系统使用方式就不同，对培训的要求自然也是众口难调：管理层的反应是太过侧重于操作细节，与他们利用 ERP 获取报表、解读报表关系不大。基层操作员工又抱怨对具体界面讲解太笼统、速度太快，没办法完全掌握。然后细节方面，也有反馈认为培训教材编写得不尽如人意，"满篇术语"，"生涩难懂"。特别是对于部分底层员工而言，初中文化水平，本来就对计算机技术有所恐惧，被要求在短短十多个小时内要理解这么多内容，显得有点强人所难。培训上的诸多问题严重影响了 ERP 后来的具体推行，员工运用 ERP 新系统的能力有限，自然造成系统效果有限，从而进一步打击了他们去熟悉和掌握 ERP 的积极性。

## 3.8 系统设计和配置

Laudon 和 Laudon[37] 指出，ERP 系统需要有机结合企业管理模式。本地软件产品以及建立在同一数据库基础上的高级信息系统，才能达到高效的跨部门信息沟通和功能协调。在设计理念上，目标公司的双模块模式只是有限覆盖整个企业流程的一小部分，物流/后勤管理、项目管理以及人力资源管理还被排除在当前 ERP 系统之外，不利于充分探讨各管理功能之间的相互关系，因此也就不可能建立起真正意义上的跨职能整合。此外，哪怕是在远景规划中，系统设计也仅仅包含企业内部功能及机制，而没有考虑到与外部供应商和客户进行信息分享和功能集成。目标公司的 ERP 系统在设计理念上似乎更多地侧重于具体操作的自动化，相对忽略了对企业管理的指导和对商业决策的支持。

在系统的具体结构配置方面，目标公司没有建立其自身的独立数据仓库(data warehouse)。所有分公司的数据存储都被整合到了位于集团总部的中央服务器。首先，分公司之间相互独立，没有数据分享和合作的需要，因而理论上没有必要建立涵盖所有分公司的统一数据仓库；其次，在系统上马一段时间之后，数据量大幅增加，在分公司和总部数据中心之间进行长期的远程数据交换，效率成了问题。再加上考虑到二者之间的有限网络带宽对交换速度的影响，总部大型数据仓库和数据挖掘(data mining)对昂贵硬件的要求，以及通过公众开放网络设备传输企业内部信息可能带来的泄露风险，这一设计模式其实是得不偿失。

究其根源，在系统设计过程中，项目组及软件供应商没有能够仔细地研究目标公司的业务流程，没有真正了解各部门的真正业务需要，就贸然上马，推出了一套并不完全适合目标公司的 ERP 系统。Gattiker 和 Goodhue[1] 指出，电子系统只是手段，优化业务流程才是 ERP 系统的重要目的。正常情况下，企业应该首先了解和改进每项工作的运作流程，然后才是通过 ERP 程序设计来自动化和标准化具体的操作行为。但是，为了追赶进度，系统工程师往往忽视前面的准备工作，直接着手软硬件设计配套之类的技术问题,结果造成系统内的很多操作过程烦琐不堪或者漏洞百出。例如,目标公司的ERP 系统在记录入场原料净重的时候,同时就要求操作员输入该货车的空车自重。但在实际操作中,收货组在卡车入场时只能通过地磅秤得出车货总重,几小时以后,等卡车完成卸货出厂时才可以得出该车的空车自重。再如在库存管理模块中,同一原料因为在不同部门称谓不同,就被多次索引,给予多个不同的 SKU 号,从而引来诸多不必要的混乱。

### 3.9 ERP 系统供应商售后服务

中国的各大 ERP 供应商充分了解国内小型企业在信息系统选择上"成本优先"的采购心态,从而提供了一系列 ERP 简化版本,以换取在价格上的优势。Brown 和 He[32]的比较研究显示,这类来自国内的缩水版平均价格只有国际知名供应商产品的 1/5。当然,低廉的售价带来的就是相对较弱的系统售后技术服务。Ma 和 Dissel[4]指出,中国的 ERP 市场在近年来增长惊人,为了急于抢占市场份额,很多中小软件厂商匆忙上马 ERP 系统,造成了高级系统分析人员的相对短缺,而其中的大部分又被分配到被认为是更重要的系统设计部门任职,售后服务部门的技术能力可想而知。此外,Srivastava 和 Gips[38]还发现,相当多的国内软件行业从业人员仅仅具备纯计算机技术软件工程师资格,缺乏商业业务流程分析方面的背景和经验。由他们主导的国内 ERP 供应商不但在系统总体构架设计上容易缺乏全局观念,在售后支持方面也往往只能在计算机技术层面和具体操作上帮助用户,对于新系统在企业管理方面带来的各项挑战就显得比较力不从心。在与目标公司甲方项目代表的交流中,我们也了解到,他们对售后服务的主要意见集中在"反应速度慢",以及"服务人员水平有限"。这应当是国内 ERP 系统供应商在今后几年内最需要注意的方面之一。

## 4 结论

虽然文献中有相当数量的研究讨论了推行和实施 ERP 系统的方方面面,然而具体分析失败案例的文章却是少之又少。特别是关于中国小型企业推行 ERP 的研究,在学术界还远远没有得到应有的重视。面对其风起云涌之发展势头,以及 ERP 项目长期居高不下的失败率,业界对这类研究其实有着强大的实际需求。此外,由于鲜有公司愿意公开其失败的细节,研究人员一般也难有机会能够深入分析 ERP 项目失败的真正原因。因此,本文在这一领域内的努力就显得更为宝贵。通过对目标公司的实际观察,我们希望能够对计划尝试 ERP 系统的中国小型企业提出如下几点具体经验和教训:

其一,国内小型企业必须认识到自身在企业文化和组织架构上的先天条件。本文所提出的九项关键成功因素,可以作为准备尝试 ERP 企业进行可行性评估的起点。虽然有研究人员认为中国大中型公司在推行和实施 ERP 过程中与西方企业面临类似的挑战[16],但是本文的观察发现,中国的小型企业必须面对为数众多的额外困难。诸如与 ERP 哲学相悖的管理理念,有限的企业资源及项目预算,雇员参差不齐的业务水平,以及严峻的外部环境,等等。基于目前中国小型企业的实际情况,要想成功推行 ERP,并真正得益于 ERP 管理理念,可能仍然有一段漫长的路要走。如果条件尚不具备就贸然上马 ERP,可能并不是一个明智的抉择。

其二,国内的小型企业必须要实实在在明确推行 ERP 系统的真正意图。ERP 并不是一个能够解决企业所有问题的灵丹妙药。现实情况是,某些企业的高层管理人员并没有切实了解 ERP 系统作为管理哲学的本质,然后就盲目崇拜外来的高科技解决方案。也有一些高管不愿意经历 ERP 对企业业务流程可能带来的根本性变革,或者没有真正寄希望于 ERP 来提高企业的盈利水平,而仅仅是跟风业界,把 ERP 系统作为对外宣传的工具。这样的企业可能并不适合在目前就推行 ERP。它们或许可以先尝试诸如会计系统电算化、客户管理自动化之类规模小一些的业务流程重组项目，为今后推行ERP积累宝贵的管理经验和操作经验。

其三，对于那些真正有兴趣推行ERP系统的中国小型企业，它们应当充分估计到推行ERP对当前日常工作的冲击，并且做好调整管理理念和组织结构的各项准备。推行ERP系统是一个自上而下的重大企业项目。高层管理者必须给予真正的支持，并且切实致力于在全公司范围内强调和推广ERP项目的重要性。全体员工都必须认识到，推行ERP不是简单安装一个计算机系统的科技革新项目，而是意味着要引入一套全新的企业管理哲学。这意味着现有的组织结构，企业制度都有可能会被完全替换。例如，前文所述，根据每季度财务表现进行排名，总经理个人奖惩与企业短期经济效益直接挂钩这样的政策就应该被彻底抛弃，因为建立在恫吓和恐惧基础之上的管理是不可持续的短视行为[39]，它只可能鼓励员工舍本逐末，不利于企业的长远发展。

其四，中国小型企业务必要认真评估其项目管理能力，然后再制定相应的合理推行计划。鉴于普遍缺乏项目管理经验和家长制的传统管理风格，许多中国小型企业的总裁往往是ERP项目的唯一决策者和后来推行过程中的唯一倡导人。这类小型企业往往对正式的可行性研究不够重视，也就比较容易被ERP的美好前景冲昏头脑，从而忽视项目推行过程中可能遭遇的诸多重大挑战，然后制定出过分乐观的推行计划。在充分研究和优化企业业务流程之前就盲目上马ERP系统的设计和实施是最为常见的错误之一[40]。然而，许多中国小型企业恰恰习惯于试图依靠自身力量，内部解决所有事情，不愿假他人之手，以期最大限度地节约成本。殊不知，引入ERP从来都是一项相当复杂的系统工程，需要卓越的项目管理经验和专业知识，通常都会大大超出小型企业自身的能力范围。它们应当学习国内外其他企业的经验，寻求专业顾问公司的指导和协助。

其五，中国的小型企业应当在推行ERP的过程中小心平衡地引入新项目和维持正常经营活动之间的关系。小公司规模小，抵御重大组织变革所造成混乱的能力也相对薄弱。管理人员必须全面考虑ERP项目可能带来的各种影响，在资源分配、员工培训、评估体系等各个方面要做好妥善的安排。太多强调新系统的引入，会分散有限的企业资源，加大企业财务风险；而过分重视当前的日常运作又会拖长工期，加剧企业变革所带来的混乱。此外，管理层还应当考虑到员工对ERP新系统的学习曲线效应。从开始运行ERP到真正感受到企业在业绩上的提高可能需要花相当长一段时间。在初期阶段，对于那些变革程度较大的企业甚至还会表现为得不偿失[41]。在这种情况下，各级员工和管理人员的耐心尤为重要。在这个时候贸然反对甚至下马只会导致前功尽弃。

如何有效和快速地推行ERP系统是全世界所有企业共同面临的难题，但是对于中国小型企业来说，这一课题有着更为深远的意义。因为它们已经面临旧管理体系下所能达到的最好经营结果，因此愈来愈迫切地需要ERP的新型管理理念来整合和指导各项企业行为，以求进一步增强自身的市场竞争力。同时，也因为它们作为传统企业所面对的独特挑战，以及作为小型企业在推行过程中对管理失误的承受度更为有限。虽然本文局限于仅仅对单个公司做主观性的案例分析，但是我们希望能够在这一领域内起到抛砖引玉的作用，以吸引更多的实证研究来深入探讨文中所论述的九大关键因素是否能够被推广到其他的国内中小企业，为业界和学术界在ERP推行实施方面提供更扎实的理论基础和指导。

## 参考文献

[1] Gattiker T F, Goodhue D L. What happens after ERP implementation: Understanding the impact of interdependence and differentiation on plant-level outcomes [J]. MIS Quarterly, 2005, 29(3): 559-585.

[2] Wang E T G, Klein G, Jiang J J. ERP misfit: Country of origin and organizational factors [J]. ME Sharpe, 2006: 263-292.

[3] Gao P, Yu J. Emerging markets: Has China caught up in IT? [J] Communications of the ACM, 2010, 53(8): 30-32.

[4] Ma X, Dissel M. Rapid renovation of operational capabilities by ERP implementation: Lessons from four Chinese manufacturers [J]. International Journal of Manufacturing Technology and Management, 2008, 14(3/4): 431-447.

[5] Analysys International. China ERP Market Quarterly Tracker Q1 [M]. Beijing Analysys International Inc., 2007.

[6] Cunningham L X, Rowley C. The development of Chinese small and medium enterprises and human resources management: A review [J]. Asia Pacific Journal of Human Resources, 2008, 46(3): 353-379.

[7] Chen N. Decoding the SME predicament [J]. Beijing Review, 2008, 51(33): 35-35.

[8] Han Y, Altman Y. Supervisor and subordinate Guanxi: A grounded investigation in the People's Republic of China [J]. Journal of Business Ethics, 2009, (88): 91-104.

[9] Wu J. Status and promotion policies of the small medium size enterprises in China. The Official Event Newsletter of the AABAC's Business CHINA 2006 Forum and Exhibition, 2006.

[10] Kwahk K-Y, Ahn H. Moderating effects of localization differences on ERP use: A socio-technical systems perspective [J]. Computer in Human Behavior, 2010, 26: 186-198.

[11] Chang M-K, Cheung W, Cheng C-H, Yeung J H Y. Understanding ERP system adoption from the user's perspective [J]. International Journal of Production Economics, 2008, 113(2): 928-942.

[12] Shanks G, Parr A, Hu B, Corbitt B, Thanasankit T, Seddon P. Differences in critical success factors in ERP systems implementation in Australia and China: A cultural analysis [C]. Proceedings of the 8th European Conference on Information Systems, Vienna, Austria, 2000.

[13] Nah F F-H, Zuckweiler K M, Lau J L-S. ERP implementation: Chief information officers' perceptions of critical success factors [J]. International Journal of Human-Computer Interaction, 2003, 16(1): 5-22.

[14] Zhang L, Lee M K O, Zhang Z, Banerjee P. Critical success factors of enterprise resources planning systems implementation success in China [C]. Proceedings of 36th Hawaii International Conference on System Sciences, Hawaii, USA, 2003.

[15] Lin W T, Chen S C, Lin M Y, Wu H H. A study on performance of introduçing ERP to semiconductor related industries in Taiwan [J]. International Journal of Manufacturing Technology, 2006, 29: 89-98.

[16] Woo H S. Critical success factors for implementing ERP: The case of a Chinese electronic manufacturer [J]. Journal of Manufacturing Technology, 2007, 18(4): 431-442.

[17] Chung B Y, Skibniewski M J, et al. Developing ERP systems success model for the construction industry [J]. Journal of Construction Engineering and Management, 2009, 135(3): 207-216.

[18] Chung B Y, Skibniewski M J, Lucas H C Jr, et al. Analyzing enterprise resources planning systems implementation success factors in the engineering-construction industry [J]. Journal of Computing in Civil Engineering, 2008, 22(6): 373-382.

[19] Qi L, Prime P B. Market reforms and consumption puzzles in China [J]. China Economics Review, 2009, 20(3): 388-401.

[20] Benbasat I, Goldstein D K, Mead M. The case research strategy in studies of information systems [J]. MIS Quarterly, 1987, 11(3): 369-386.

[21] Hofstede G. Culture's Consequences: Comparing Values, Behaviors, Institutions, and Organizations Across Nations (2nd ed). [M]. London: Sage, 2001.

[22] Davison R M. Cultural complications of ERP [J]. Communications of the ACM, 2002, (45): 109-111.

[23] Martinsons M G. ERP in China: One package, two profiles [J]. Communications of the ACM, 2004, (47): 65-68.

[24] Avison D, Malaurent J. Impact of cultural differences: A case study of ERP introduction in China [J]. International Journal of Technology and Information Management, 2007, (27): 368-374.

[25] Zhu Y, Bhat R, Nel P. Building business relationships: A preliminary study of business executives' views [J].

Cross Cultural Management,2005,(12): 63-84.

[26] Tung R L, Worm V. Network capitalism: The role of human resources in penetrating the China market [J]. International Journal of Human Resource Management,2001,(12): 517-534.

[27] Shin S K, Ishman M, Sanders G L. An empirical investigation of socio-cultural factors of information sharing in China [J]. Information and Management,2007,(44): 165-174.

[28] Wang Y, Yao Y. Market reforms, technological capabilities and the performance of small enterprises in China [J]. Small Business Economics,2002,(18): 195-209.

[29] Liang H, Xue Y, Boulton W R, Byrd T A. Why western vendors don't dominate China's ERP market [J]. Communications of the ACM,2004,47(7): 69-72.

[30] Shi H, Peng S Z, Liu Y, Zhong P. Barriers to the implementation of cleaner production in Chinese SMEs: Government, industry and expert stakeholders'perspectives [J]. Journal of Cleaner Production, 2008, 167: 842-852.

[31] Liang H, Saraf N, Hu Q, Xue Y. Assimilation of enterprise systems: The effects of institutional pressures and the mediating role of top management [J]. MIS Quarterly,2007,31(1): 59-87.

[32] Brown D H, He S. Patterns of ERP adoption and implementation in China and some implications [J]. Electronic Markets,2007,17(2): 133-141.

[33] Su Y-F, Yang C. A structural equation model for analyzing the impact of ERP on SCM [J]. Expert Systems with Applications,2010,37(1): 456-469.

[34] Dunn C L, Cherrington J O, Hollander A S. Enterprise Information Systems: A Pattern-Based Approach (3rd ed.) [M]. New York: McGraw-Hill Irwin,2005.

[35] Schrage M. Designed and made in China [J]. Technology Review,2004,107(3): 20-20.

[36] Au AK, Altman Y, Roussel J. Employee training needs and perceived value of training in the Pearl River Delta of China: A human capital development approach [J]. Journal of European Industrial Training,2008,32(1): 19-31.

[37] Laudon K C, Laudon J P. Management Information Systems: Organization and Technology in the Networked Enterprise [M]. Upper Saddle River, NJ: Prentice Hall,2000.

[38] Srivastava M, Gips B J. Chinese cultural implications for ERP implementation [J]. Journal of Technology Management & Innovation,2009,4(1): 105-113.

[39] Bryant J H. Leading with love in a fear-based world [J]. Learder to Leader,2010,56: 32-38.

[40] Panorama Consulting Group. 2010 ERP Report [EB/OL], http://www. sdcexec. com/pdf/research/2010/4si_panorama_erp. pdf.

[41] Plaza M, Rohlf K. Learning and performance in ERP implementation projects: Analyzing and managing consulting costs [J]. International Journal of Production Economics,2008,115(1): 72-85.

## Analyzing the Failures of ERP Implementation in Chinese Small Enterprises: A Case Study

LI Yulong

(Gabelli School of Business, Roger Williams University, RI 02809, USA)

**Abstract** Based on extensive literature review that indentified nine critical success factors for ERP implementation, this exploratory case study documented and analyzed a failed ERP attempt by a small feed manufacturer in Northwestern China. The discussions pin-pointed some of the unique challenges facing Chinese small enterprises when modernizing their legacy information systems and made several practical suggestions to these firms' future ERP initiatives.

**Key words** ERP implementation, Critical success factors, Chinese small enterprises

**作者简介**

李裕龙，博士，于2007年起任美国罗杰威廉姆斯大学嘉百利商学院运作管理学助理教授，主要研究方向：企业技术管理、供应链内知识管理、全面质量管理和新产品开发及系统设计。他的近期论文发表于 *International Journal of Operations and Production Management*，*Journal of Manufacturing Technology Management*，*International Journal of Manufacturing Technology and Management* 等多份国际刊物上。

信息系统学报
（第 8 辑）：14－22
China Journal of Information Systems
14－22

# 企业在信息化项目建设中的不利选择处境与败德行为研究*

赵丽梅[1,2]　张庆普[1]　吴国秋[2]
（1. 哈尔滨工业大学管理学院，黑龙江 哈尔滨 150001；
2. 黑龙江大学信息管理学院，黑龙江 哈尔滨 150080）

**摘　要**　企业信息化建设是一种典型的委托-代理关系，而企业在这种代理关系中可能有两种信息行为——不利选择与败德行为。本文首先采用信息经济学中著名的信息非对称理论——柠檬理论的观点对企业在信息化建设中的不利选择处境进行了剖析，并对其做了详细的阐释。其次针对企业在实际的信息化建设活动中的败德行为表现从信息经济学的角度分析了其产生原因；最后提出的抵消方法是对信息化建设活动的主体双方（企业与软件供应商）信息行为的约束。

**关键词**　信息化建设，不利选择，道德风险

**中图分类号**　F272

信息经济学中的委托-代理关系是一个信息概念而非契约概念，对于一个事件有较多信息的人即具有信息优势的一方称之为代理人，对于一个事件的信息掌握较少的人即处于信息劣势的一方称之为委托人[1]。

不利选择与败德行为是不确定性和信息非对称性条件下委托-代理关系中比较常见的两种信息行为。

不利选择是指在建立委托-代理关系之前，代理人已经掌握了某些委托人不了解的信息，而这些信息可能是对委托人不利的。代理人利用这些有可能对委托人不利的信息签订对自己有利的协议，而委托人则由于信息劣势而处于对己不利的选择位置上，是为不利选择。

败德行为（又称道德风险）是指代理人在使其自身效用最大化的同时损害委托人或者其他代理人效用的行为，代理人利用委托人观察不到的私人行为或者委托人不知道的私人信息而损害委托人的利益[2]。

企业信息化建设项目的核心是信息系统软件的研发，而信息系统软件研发活动实行外包已经成为一种国际性的趋势。以美国为例，美国的很多大公司（员工超过 5 000 人）已经引领了这种浪潮，主要表现为信息系统软件方面的资源外包经费成倍增加。此外，一些美国中型企业（员工人数为 1 000～5 000）目前也以迅猛的速度涌入资源外包的市场，并占据了美国资源外包市场的重要份额[3]。

自 2000 年美国信息技术（IT）企业外包销售额超出国内贡献后，美国的服务外包一直稳定增长。咨询公司高德纳的调查显示，虽然 2009 年全球外包服务订单下滑，但 76％的受访企业对经济恢复表

* 基金项目：国家自然科学基金项目“企业自主创新能力形成与提升过程中知识整合的系统研究”（编号：70672063）；国家自然科学基金项目“中国重点大学核心能力提升过程中知识整合的系统研究”（编号：70873027）；黑龙江省教育厅项目“基于博弈分析的知识交易及其定价机制研究”（编号：11554143）；黑龙江大学实验室开放基金项目“基于开源软件的数字图书馆建设研究”。

通信作者：赵丽梅，哈尔滨工业大学经济与管理学院博士生，黑龙江大学信息管理学院讲师，E-mail：hdzhaolimei@sina.com。

示乐观,认为它们的外包投入会重新增加。据统计,美国的服务外包需求将从 2007 年的 1 275 亿美元增长到 2012 年的 1 865 亿美元[4]。

选择软件外包的合作对象无外乎两种方式：一种是企业委托一家软件公司为其设计信息化建设方案；另一种是企业列出自身信息化建设的要求,各个软件公司以竞标的方式列出自身的解决方案,企业从中选择最令人满意的方案并决定中标单位。但无论是直接聘请还是以竞标方式聘请软件公司,企业与软件公司双方都构成了委托-代理关系。于是,企业在信息化建设中都可能由于信息劣势处于不利选择位置,或是在进行信息化项目招标的过程中或者签单后发生败德行为[5],如图 1 所示(图 1 中单线箭头表示事件发生的程序,双线箭头表示事件中的信息行为)。

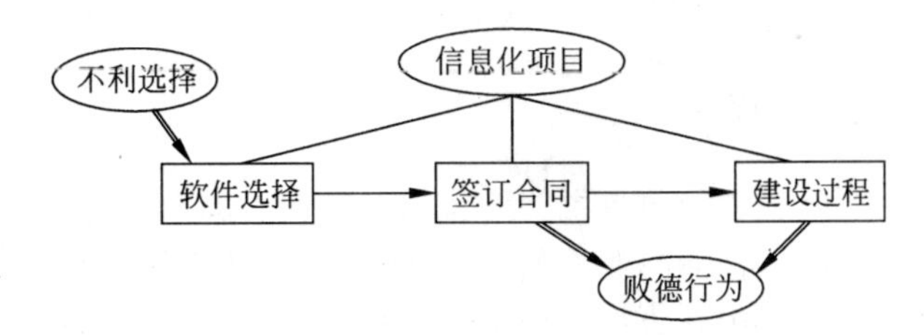


**图 1　企业在信息化项目建设中的两种信息行为**

虽然软件研发项目外包给企业外部的供应商,我们仍然要从内外两个视角对该问题进行探讨。因为不利选择和败德行为的产生来源于企业内外两个方面[6]。

## 1　企业在信息化项目建设中的不利选择处境

在企业进行信息化项目建设活动中,最重要的任务是选择合适的信息系统软件。在软件的选择过程中,企业和软件公司的关系构成了比较明显的准委托-代理关系：企业是准委托人,而软件公司是准代理人。企业信息化项目建设的重点任务是企业内部业务管理的信息化,企业信息化建设的其他任务最终都是围绕企业内部业务管理信息化展开的。这样,企业在信息化项目建设的过程中,企业本身和从事具体业务工作的员工们又构成了企业内部的准委托-代理关系：企业是准委托人,员工则是准代理人。本文将从内外两个角度阐述信息化项目建设过程中企业的不利选择处境[7]。

### 1.1　外部原因导致的不利选择

目前的信息系统软件市场也是一个柠檬市场,用户企业与软件供应商之间存在着很大的信息非对称现象。在复杂的系统面前,用户只能任由软件供应商游说与演示,很难看清系统本质,而软件供应商们十分清晰自己的产品质量。用户企业即使感觉到自己所面对的产品是高质量的软件,但是绝对不会甘心以高价格购买。假设市场上充斥着 $n$ 个质量等级的软件产品,并且第 $i$ 等级质量产品的市场总量为 $P_i$,价格为 $m_i$,这时用户企业所愿意付出的最高价格只能是 $M=\sum_{i=1}^{n} P_i \cdot m_i$,即用户企业只能付出各种等级产品的中间价格。因为用户企业对于软件产品的信息是盲态的,不清楚系统软件的本质,只能尽量压价。这样,高质量的软件就被挤出了市场,留下来的是认为这个中间价格合理的柠檬们。假如用户企业委托的信息化项目建设的任务在软件供应商看来比较简单,即所得的项目经费大于所付出的成本,较低水平的市场均衡有可能出现软件供应商取得单子后由于价格太低,后续的系统建设实施工作也不愿意倾尽全力投入,用户企业更不可能观察到软件供应商的努力程度,最后双方就会产生各种矛盾,软件供应商一定是按照拿了多少钱就干多少活,许多管理软件供应商对合同上最后一定比例的尾款从来就没指望拿到，最终的受害者还是企业。因此，这个信息化项目建设市场的效率一定低下。该市场柠檬现象的信息反馈机制如图2所示。

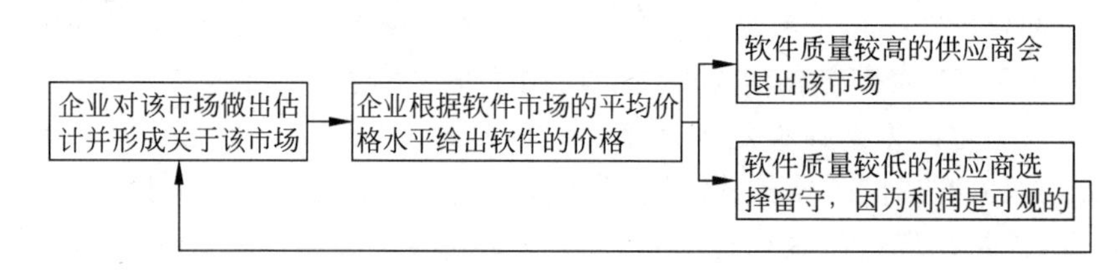


图2 软件市场柠檬现象的信息反馈机制

### 1.2 内部原因导致的不利选择

在企业的信息化建设过程中，新的信息系统的应用必然会对组织的管理方法提出新的要求，因此信息化可能要牵扯到业务流程重组、部门职能的调整，管理人员在原有工作方式下积累起来的经验可能会失去作用，他们对新系统的应用有时会产生抵触情绪，势必触及各级领导间的权力博弈。官职越小，越容易处于信息不对称的位置，符合某些管理阶层价值取向的不一定是最适合的信息化方案，适合的信息化方案可能不符合某些管理阶层的意图。结果可能是主管人员（包括IT厂商）淘汰了适合的方案。妥协并调整不适合的方案；而信息化一旦走上这条路，矛盾就会越发激化，方案则会不断妥协下去，呈现典型的逆向淘汰的局面。同样，对于不符合某些员工利益的项目，这些员工在开发过程中不能给予信息化建设的项目小组有效的配合；在项目完成后，又不能创造性地应用新的信息系统，解决企业管理中存在的问题，信息化项目往往会以失败而告终。

## 2 企业在信息化项目建设中的败德行为[8]

### 2.1 败德行为的表现

在信息化软件选择的过程中，企业首先要货比三家，然后才决定最终的软件供应商。这种谨慎态度是可以理解的。但总有一些企业居心叵测，其败德行为主要有以下几种表现方式：

(1) 在信息化项目招标中，遍撒“英雄帖”，引来一批软件供应商角逐。各个软件供应商为了在竞标中脱颖而出，“八仙过海，各显神通”，“孔雀开屏”般展示自己最美的一面，有的甚至不惜抛出基本创意，而同行之间的创意“比稿”几乎就是免费奉送。结果，企业可能不选择任何一家，通过对应标取得的创意进行比较，整合其中的精华部分，信息化建设项目的解决方案就呼之欲出了。从而，企业就可利用这样的信息优势提升自己与软件供应商的砍价能力。

(2) 有些企业与软件供应商合作时，拒绝付给软件公司后续建设费用。合同签单额虽然具有很大的诱惑力，首付却很少。软件公司拿出企业所需的核心创意、解决方案后，企业便对其责难有加、百般刁难。

企业的败德行为主要还是对外的，企业内部的败德行为主要是由企业员工对企业自身的不负责任态度造成的，这在企业的不利选择中已经讨论，在此不再赘述。

### 2.2 败德行为产生的原因

外部是条件，内部是依据，信息化项目建设的过程中企业败德行为的产生必然来自内部和外部两个方面。

内部原因：信息化项目建设活动中，企业拥有一些软件供应商无法观察到的私人信息（如企业诚信方面的信息），特别是当企业的外在形象被公众认可的情况下，这些私人信息具有很大的隐蔽性、单向性、欺骗性和危害性。在与软件供应商的合作中，企业拥有的独占性的私人信息是其产生败德行为的关键。

外部原因：市场经济活动的理性原则是企业作为市场经济活动的理性参与者，其最大的动力是利益。这种利益机制使企业与软件供应商的合作互惠关系变成了利益与利益之间的对应关系，企业利用其独占性的私人信息追求自己的利益最大化，从而损害了软件供应商的利益，“没有永远的朋友，只有永远的利益”。此外，信息化建设项目的合约也许只是对参与主体双方的权利和义务做了书面说明，当任何主体做出有悖道德的事情时得不到惩罚或者与遵守道德付出的成本相比收益更多，或者受到惩罚的一方在履行这项义务时实施起来很难，受侵害的一方如果损失是自己可以接受的往往就息事宁人，这对于企业也是一种诱惑。

# 3 讨论：企业信息化项目建设中的两种信息非对称行为的抵消方法

## 3.1 设计合理的软件选型投标机制，力求让参与投标的软件供应商说实话[9]

在信息化项目招标的过程中，将项目按最低价格委托给出价最低者，这样讲真话会符合每个人的利益。具体分析如下：

假设，每个人的报价为 $P_i$，其真实估价为 $V_i$，$i=1,2,\cdots,n$，对于给定的 $V_i$ 和 $P_j$，$j\neq i$，下面分情况来讨论第 $i$ 个人的净值 $n_i$（中标价格与真实估价之差）。

(1) 当 $V_i>\min P_j$ 时，对于不同的竞标价格 $P_i$，$n_i$ 的值有下列不同特征：

如果软件供应商 $i$ 的竞标价格不是最低价格时，即 $P_i>\min P_j$，此时该软件供应商不会中标，$n_i=0$；如果某软件供应商 $i$ 的竞标价格是最低价格时，即 $P_i<\min P_j$，此时该软件供应商一定会中标，$n_i=\min P_j-V_i<0$，即软件供应商 $i$ 认为设计该软件的成本 $V_i$ 严格大于中标价格 $\min P_j$，$i$ 会认为自己不划算。

因此，当 $V_i>\min P_j$ 时，软件供应商 $i$ 所能获得的最高净值为 0。可见，如果竞标价格等于真实评价，那么就有 $n_i=0$，等于所能获得的最高净值。这说明，报出真实评价是 $i$ 的最优选择。

(2) 当 $V_i<\min P_j$ 时，对于不同的竞标价格 $P_i$，$n_i$ 的值有下列不同特征：

如果软件供应商 $i$ 的竞标价格不是最低价格时，即 $P_i>\min P_j$，此时该软件供应商不会中标，$n_i=0$；如果某软件供应商 $i$ 的竞标价格是最低价格时，即 $P_i<\min P_j$，此时该软件供应商一定会中标，$n_i=\min P_j-V_i>0$，即软件供应商 $i$ 认为设计该软件的成本 $V_i$ 严格小于中标价格 $\min P_j$，$i$ 会认为自己的竞标价格是划算的。

因此，当 $V_i<\min P_j$ 时，软件供应商 $i$ 所能获得的最高净值为 $\min P_j-V_i>0$。可见，如果竞标价格等于真实评价，那么就有 $n_i=\min P_j-V_i>0$，等于所能获得的最高净值。这说明，报出真实评价是 $i$ 的最优选择，即进行真实报价可以使其获得软件开发的订单。

由软件供应商 $i$ 的任意性可知，无论在何种情况下，说真话都是每个参与人的最优策略。不排除为了取得单子而孤注一掷的软件供应商，竞相压价，企业从这样的一个机制中货比三家就能够大致摸索出软件的中间市场价格，而选择一个自己认为无论在诚信还是在技术方面比较合适的合作伙伴，以改善自己的不利选择境地。

## 3.2 建立诚信档案与合作双方的诚信度评价体系[10]

建立信息化项目建设参与主体（企业和软件供应商）的诚信档案和信誉评价体系，对于遵守诚信的主体予以奖励，而对于违反诚信的主体予以惩罚（包括经济上的惩罚和法律上的惩罚）。信息化建设参与主体的诚信因素已经涉及整个信息化建设活动运作的健康与规范，是立足于信息化建设活动不可或缺的无形资本和支持性资源。企业和软件供应商的诚信档案记录体现着信息化建设主体的市场信誉，那些有过不良记录的主体会遭到其他准合作主体的排斥，即减少合作机会；而有良好信誉的主体必然会吸引更多的合作主体和合作机会，这是遵守诚信的一种鼓励。

诚信记录对于信息化建设活动的多次重复博弈是有效的，而对于那些企图只从一次博弈中捞取利润的市场主体仍缺少约束力。因而，在信息化建设活动开始之前，需要建立活动主体的信誉评价体系，通过对主体的多种指标（市场主体的决策层、主体的规模、投入产出比等）进行评价，对主体的信誉进行等级划分，才有可能对信誉较低主体可能存在的违反规则行为制定相应的惩罚措施，使其不仅承担经济赔偿，而且还要负有一定的法律责任。这样，就可以在一定程度上对这些信息化建设的活动主体产生威胁，促使信誉程度不够高的主体向更高的目标努力，以求在市场中立足。

## 3.3 建立信息激励机制[11]

在信息化项目建设的活动主体之间建立信息激励机制。主要体现在项目活动收费上，合同签订中，软件供应商向企业提供建设效果保证书，一旦项目建设活动没有达到预期效果，其所获取的报酬不高于项目建设的活动成本必要时还要向企业做出一定的赔偿。这在合同的签订中要有明文规定；信息化项目招标中，建立活动主体的综合评价体系（包括信誉评价体系和活动主体实力的评价体系），根据评价体系信息化建设活动的参与主体都给欲合作的对方打分，分出不同的等级，招标企业根据软件供应商的所处等级在项目建设活动经费上要对其给予一定的补贴。如果招标企业的信誉高，并且经费补贴在项目建设活动方案的所用经费中占有一定的比例，软件供应商相信自己有实力在众多的竞争对手中胜出就会投标；那些没有实力的软件供应商其所处的评价等级一定不高，得到的经费补贴就会很少，在诱惑力极小的经费补贴和胜算的可能性又很小的情况下，参与投标的可能性会比较小。如果招标企业的信誉不高，并且知道自己要发生败德行为，这种补贴对于其自身来说也是败德行为发生的一道障碍，即使其发生了败德行为，软件供应商的损失也是有限的。分析模型如下：

将参与人分为若干个信誉等级 $r_1, r_2, \cdots, r_i, \cdots, r_n$，信誉越好的等级排序越靠前，$W$ 为招标企业愿意为信誉最好企业支付的最高补偿金，$C_j$ 为软件供应商 $j$ 的投标成本，$\bar{u}_j$ 为软件供应商 $j$ 的保留效用。假设软件供应商 $j$ 所获补偿金与信誉等级排序成反比，则软件供应商 $j$ 的收益为 $\frac{1}{r_i}W-C_j$，代理人的参与约束机制为 $U\left(\frac{1}{r_i}W-C_j\right)\geqslant\bar{u}_j$，即该收益所带来的效用不低于代理人预先设定的保留效用。

## 3.4 实施员工的信息化素质教育培训

对企业各类人员进行计算机技术和现代管理方法的培训应当是信息化建设的关键所在，即解冻人的思想是至关重要的。企业在信息化建设过程中接受有效的专业培训有助于增强企业主导、掌控信息化的能力。在信息化建设各阶段培训内容是不同的，而在信息化项目启动前的培训尤为重要。在这个阶段应借助服务商，对企业上至高层领导、下至普通员工就信息化的内涵、基本知识、预期效果等进行全员培训，使企业的全体员工对信息化项目建设的总体思想、步骤等达成共识，明确自己在信息化建设中所应担当的角色和发挥的作用,同时对自己的未来发展方向做出预期规划。因此,对员工进行信息化素质教育,使员工从对信息化项目建设的误解和信息盲态中解脱出来,增强员工的积极性、创造性和参与度。而且更重要的是,能使企业充分进行企业需求分析,明确重点业务。此外还能培养和提高企业管理决策层对信息技术、管理软件和服务商的认识和判断力,正确选择技术路线、解决方案和服务商,降低信息系统软件的选择风险等,以便科学合理决策。

## 3.5 将研发过程转化为多期博弈

在软件研发这种委托-代理关系中,由于信息是非对称的,可以说企业和软件公司互为委托代理人,即每一方都扮演着委托人和代理人的角色。因此,为了激励和约束彼此,双方须签订多期合同,软件公司将重要的工作放在后续阶段,而企业应将较多的资金支持放在研发的后续阶段,这样双方的努力水平都将相应提高。本部分采用代理人市场——声誉模型进行分析,并且假定参与人都有理性预期[12]。

分析模型如下[13]:

出于分析简便的意图,假定只有两个阶段,$t=1,2$,每个阶段的生产函数如下:

$$\pi_t = a_t + \theta + u_t, \quad t = 1,2$$

式中,$\pi_t$ 为产出(对于企业来说,为软件研发的阶段性成果;对于软件公司开说,为研发获得的收益);$a_t$ 为代理人的努力水平(对于企业来说,$a_t$ 为 $t$ 阶段支付研发费用的积极性;对于软件公司来说,$a_t$ 为 $t$ 阶段研发的努力水平);$\theta$ 可以理解为代理人的经营能力(对于企业来说,$\theta$ 为支持研发的能力;对于软件公司来说,$\theta$ 为软件研发的能力);$u_t$ 为外生的随机变量(如技术或市场环境的不确定性)。

假定 $a_t$ 为代理人的私人信息,$\pi_t$ 为共同信息,$\theta$ 和 $u_t$ 为呈现正态独立分布的,均值都为 $0(E(\theta)=E(u_t)=0)$,方差分别为 $\delta_\theta^2$ 和 $\delta_u^2$,进一步假定随机变量 $u_1$ 和 $u_2$ 是独立的,即 $\text{cov}(u_1,u_2)=0$。

假设代理人是风险中性的,并且贴现率为0。因此,代理人的效用函数如下:

$$U = \sum_{t=1}^{2}\omega_t - \sum_{t=1}^{2}c(a_t)$$

这里,$\omega_t$ 是代理人在 $t$ 期的支付(pay off),$c(a_t)$ 是努力的负效用,假定 $c(a_t)$ 是严格递增的凸函数,且 $c'(0)=0, c''(a_t)>0$。

在上述代理人风险中性的假定下,如果委托人可以与相应的代理人签订一个显性激励合同,$\omega_t=\pi_t-y_0$,其中,$y_0$ 不依赖于 $\pi_t$,$y_0$ 为委托人的固定收入,全部风险由风险中性的代理人承担,帕累托一阶最优可以实现,风险成本等于零。根据我们在这里假定的生产函数,有$\frac{\partial \pi}{\partial a}=1$,于是有 $E\left[1-\frac{\partial c}{\partial a}\right]=0$,则代理人的最优努力水平为 $c'(a_t)=1, t=1,2$。因此,为了使我们的讨论有意义,假定这样的显性激励合同不存在(可能的原因是,尽管代理人和委托人都能观测到 $\pi_t$,但 $\pi_t$ 在法律上是无法证实的,或者当经理人与企业所有者之间在可观测的产出 $\pi_t$ 的具体计划结果上不一致时,显性合约就无法签订,因而将 $\omega_t$ 与 $\pi_t$ 联系起来是不可行的),代理人只能拿固定的收益。

显然,如果一次性的委托-代理关系不存在显性激励机制时,代理人将不会有任何努力工作的积极性,$c'(a_t)=0 \Rightarrow a_t=0$。

但是,当委托-代理关系持续两个时期时,即在两阶段的动态博弈中,第二阶段代理人没有必要再努力工作,因为声誉已经由第一阶段的努力工作"生产"出来了,故 $a_2=0$,因为博弈没有第三阶段。但是,代理人在第一阶段的最优努力水平大于零。原因是,代理人在第二阶段的工资 $\omega_2$ 依赖于委托人对代理人经营努力 $\theta$ 的预期,而第一阶段的努力程度 $a_1$ 通过对 $\pi_1$ 的作用影响这种预期,即使在第一阶段没有任何显性激励机制，代理人也会在第一阶段努力工作，第一阶段的努力工作有助于合作方提高第二阶段对其能力水平或努力程度的评价。

由于产出是代理人的个人努力水平、能力高低和随机因素共同作用的结果，因而产出也是随机变量。根据竞争性市场的边际生产率定价规则，在第一阶段，代理人的收益等于第一阶段产出的期望值，第二阶段代理人的收益也等于第二阶段的产出期望值，但由于两个阶段不是完全相互独立的，根据假设，博弈参与人的能力水平在两个阶段是相同的。因此，在第二阶段，委托人应该根据第一阶段产出所提供的信息去捕获有关代理人能力水平等信息。这样，第二阶段代理人的收益应等于给定第一阶段产出的情况下，第二阶段产出水平的期望值。于是有

$$\omega_1 = E(\pi_1) = E(a_1) = \bar{a}_1;$$

$$\omega_2 = E(\pi_2 \mid \pi_1)$$

这里，$\bar{a}_1$ 为委托人对代理人在时期1的努力水平的预期；$E(\pi_2 \mid \pi_1)$为给定时期1的实际产出为 $\pi_1$ 的情况下委托人对时期2的产出的预期。进一步有

$$\omega_2 = E(\pi_2 \mid \pi_1) = E(a_2 \mid \pi_1) + E(\theta \mid \pi_1) + E(u_2 \mid \pi_1) = E(\theta \mid \pi_1),$$

因为 $a_2=0$，$u_2$ 与 $u_1$、$a$ 及 $\theta$ 无关，故 $a_2$ 与 $\pi_1$ 无关。

假设委托人具有理性预期(rational expectation)，那么，在均衡时，$\bar{a}_1$ 等于代理人的实际选择，委托人知道 $a_1$ 与 $\theta$ 的关系，并根据 $\theta$ 的分布能计算出 $\bar{a}_1$。于是，在均衡状态，一旦观测到 $\pi_1$，委托人就可计算出 $\pi_1-\bar{a}_1=\theta+u_1$。但是，委托人无法将 $\theta$ 与 $u_1$ 区分开来，即委托人不知道除了代理人的努力外，$\pi_1$ 是代理人经营能力的结果还是外生的不确定因素 $u_1$ 的结果，委托人的问题是通过观测到的 $\pi_1$ 来推断 $\theta$。

令

$$\tau = \frac{\mathrm{Var}(\theta)}{\mathrm{Var}(\theta) + \mathrm{Var}(u_1)} = \frac{\delta_\theta^2}{\delta_\theta^2 + \delta_u^2}$$

即 $\tau$ 为 $\theta$ 的方差与 $\pi_1$ 的方差的比率。$\delta_\theta^2$ 越大，$\tau$ 越大。根据理性预期公式：

$$E(\theta \mid \pi_1) = (1-\tau)E(\theta) + \tau(\pi_1 - \bar{a}_1) = \tau(\pi_1 - \bar{a}_1)$$

因为我们假定 $E(\theta)=0$。也就是说，给定 $\pi_1$ 下委托人预期的 $\theta$ 的期望值是先验期望值 $E(\theta)$和事后观测值($\pi_1-\bar{a}_1$)的加权平均：委托人根据观测到的信息修正对代理人能力或行为的判断。事前有关的不确定性越大，修正越多。

因为 $\tau$ 反映了 $\pi_1$ 包含的有关 $\theta$ 的信息：$\tau$ 越大，$\pi_1$ 包含的信息量越多，代理人就越愿意在第一阶段努力工作，从而在第二阶段形成越强的声誉。特别是如果没有事前的不确定性($\delta_\theta^2=0$)，$\tau=0$，委托人将不修正自己的信念。另外，如果事前的不确定性非常大($\delta_\theta^2\to\infty$)或者没有外生的不确定性($\delta_u^2=0$)，$\tau=1$，委托人将完全根据观测到的 $\pi_1$ 修正对 $\theta$ 的判断。一般来说，$\tau$ 介于0与1之间，故 $a_1$ 是 $\tau$ 的增函数给定 $\tau>0$，均衡收益 $\omega_2=E(\theta \mid \pi_1)=\tau(\pi_1-\bar{a}_1)$意味着，时期1的产出越高，时期2的收益也将越高，将 $\omega_1$ 和 $\omega_2$ 代入，代理人的效用函数为

$$\begin{aligned} U &= \sum_{t=1}^{2}\omega_t - \sum_{t=1}^{2}c(a_t) \\ &= \bar{a}_1 - c(a_1) + \tau(\pi_1 - \bar{a}_1) - c(a_2) \\ &= \bar{a}_1 - c(a_1) + \tau(a_1 + \theta + u_1 - \bar{a}_1) - c(a_2) \end{aligned}$$

显然，代理人效用最优化的一阶条件为

$$\frac{\partial U}{\partial a_1} = 0, \quad a_2 = 0$$

即 $c'(a_1)=\tau>0\Rightarrow a_1>0$。

因此，在信息非对称的条件下，出于声誉的考虑，代理人在时期1的努力水平严格大于0(这在单阶段模型中是不可能的)，除非显性激励合同是可行的，$\tau$ 越大，声誉越强。注意，$\bar{a}_1$ 不进入一阶条件，但在理性预期假设下，$\bar{a}_1$ 满足这个条件。

将上述结果一般化，设代理人工作为 $T$ 期，那么除了最后一期的努力 $a_T$ 为零外，所有 $T-1$ 期之前的努力 $a_t$ 均为正，并且容易推断，努力随着时期的增加而递减，即 $a_1>a_2>\cdots>a_{T-1}>a_T$。即努力随着阶段的增加而下降，因为越是接近于结束的阶段，努力的声誉效应就越小。因为阶段1的努力 $a_1$ 影响后面 $T-1$ 个阶段的工资，但第 $T-1$ 个阶段的努力 $a_{T-1}$ 只影响 $\omega_T$，所以最初的合作应该是愉快的。

进一步，当 $\theta_t$ 服从随机行走(random walk)，当 $T\to\infty$ 时，可证明稳态一阶条件为 $c'(a)=\frac{\delta\tau}{1-(1-\tau)\delta}$，其中 $\delta$ 为贴现因子。当 $\delta=1$ 时，$c'(a)=1$，即未来与现在同样重要时，帕累托最优努力水平即可实现。

因此，为了激励和约束彼此，软件公司应将最重要的工作放在后续阶段，而企业应将较多的资金支持投放在软件研发的后续阶段，这样双方的努力水平都会相应提高。

## 4 结语

信息非对称是社会分工的必然结果，虽然说所有的领域都是相通的，但是信息经济学和新制度经济学关于信息非对称的研究让我们真正领略了隔行如隔山的感觉。对信息化项目建设活动中参与主体之间两种典型的信息非对称行为——不利选择和道德风险(败德行为)的研究，对于信息化项目建设活动达到次优效果或者接近最优效果都是大有裨益的，这也是本论文的创新所在。提出的抵消方法也只是在一定程度上有效，因为信息非对称的状态只能减轻而不能消除，这样不利选择与道德风险就有存在的可能性。

## 参考文献

[1] 张维迎. 博弈论与信息经济学[M]. 上海：上海人民出版社，1996：398-440.

[2] Grossman S, Hart O. An analysis of the Principal-Agent Problem[J]. Econometrica, 1983(51)：7-45.

[3] Crow G, Muthuswamy B. International outsourcing in the information technology industry：Trends and implications. Communications of the International Information Management Association, 2003(3)：1, 25-34.

[4] 管克江. 美国企业向内看："乡村外包"模式的诞生. http://news.xinhuanet.com/tech/2010-08/24/c_12476758_2.htm. 2010-08-04.

[5] 胡迟. 企业信息化建设中的策略选择[J]. 中国科技信息，2009(2)：21-23.

[6] Keil P. Principal agent theory and its application to analyze outsourcing of software development. In EDSER '05：Proceedings of the Seventh International Workshop on Economics-driven Software Engineering Research, New York, NY, USA：ACM Press, 2005：1-5.

[7] Akerlof G A. The market for"Lemons"：Quality uncertainty and the market mechanism[J]. The Quarterly Journal of Economics, 1970(3)：488-500.

[8] 张慎峰，刘喜华，吴育华. 保险中介市场的委托代理问题[J]. 天津大学学报(社会科学版)，2002(3)：205-209.

[9] Myerson R B. Optimal auction design[J]. Mathematics of Operations Research, 1981(1)：58-73.

[10] 潘勇. 对"行业自律价"的信息经济学透视[J]. 财经研究，2000(5)：15-17.

[11] Stiglitz J, Weiss A. Credit rationing in markets with imperfect information[J]. American Theory, 1981(16)：167-207.

[12] Meyer, Vickers. Performance comparasion and dynamic incentive[J]. The Journal of Political Economy, 1997, 105(3): 547-581.

[13] Holmstrom B. Managerial incentive problems: A dynamic perspective[J]. Review of Economics Studies, 1999(66): 169-182.

## Adverse Selection and Moral Hazard in Enterprise's IT Project

ZHAO Limei[1,2], ZHANG Qingpu[1], WU Guoqiu[2]

(1. School of Management, Harbin Institute of Technology, Harbin 150001, China;

2. Information Management School, Heilongjiang University, Harbin 150080, China)

**Abstract** IT project in enterprises is a common principal-agent relation, and the enterprises may have two information behaviors—adverse selection and moral hazard in this relationship. This paper first analyses the adverse selection situation from the viewpoint of Lemon Theory which is one of the famous information-asymmetry theories and then elaborates it. Against the enterprises'moral hazard representation in the activity, its causes are analyzed from the viewpoint of information economics. At last the proposed countermeaures will constrain the information behaviors of the two parties—enterprises and software suppliers in the IT project activity.

**Key words** IT project, Adverse selection, Moral hazard

### 作者简介

赵丽梅(1979— ),哈尔滨工业大学经济与管理学院博士生,黑龙江大学信息管理学院讲师. E-mail: hdzhaolimei@sina. com。

张庆普(1956— ),哈尔滨工业大学经济与管理学院教授、博士生导师. E-mail: zzqp2000@126. com。

吴国秋(1988— ),黑龙江大学信息管理学院 2008 级本科生. E-mail: daifeideyanzi@163. com。

# 社交网站持续使用的实证研究
## ——基于改进的期望确认模型

陈　瑶　邵培基
(电子科技大学经济与管理学院,成都 610054)

**摘　要**　社交网站这一新兴的信息系统逐渐引起众多学者的研究兴趣。本文以人人网为例,从网站用户流失的问题出发,对用户的持续使用进行了实证研究。研究以期望确认模型为理论基础,在该模型上引入了感知趣味性、感知易用性和感知转换成本三个新的影响因素,通过结构方程模型对研究模型和假设进行验证。验证的结果支持了绝大多数假设,且模型具有较好的解释能力。最后提出了本研究对管理的启示,以及对后续研究的一些建议。

**关键词**　社交网站,持续使用,期望确认模型,信息系统,实证研究
**中图分类号**　C931.6

## 1　引言

社交网站(social network sites,SNS)作为互联网和 Web 2.0 的迅速发展所带来的新兴产物之一,近年来吸引了人们广泛的关注。它的迅速崛起,使其成为互联网中一颗耀眼的新星。社交网站的理论依据是六度分割理论(six degrees of separation),即一个人与陌生人之间最多通过六个人就能建立起联系。社交网站提供一种基于网络的服务,它能够使用户在一个有界范围内公开或半公开个人资料,它会列出用户的朋友,即与该用户建立了联系的用户的列表,用户可以查看或访问自己的朋友以及朋友的朋友[1]。目前,社交网站已不仅仅局限于提供简单的交友功能,它更注重为用户提供多种互动方式和娱乐方式,包括信息的发布和分享、评论和留言以及各种可供用户选择使用的 API 应用程序等,使得社交网站成为用户间相互交流的重要渠道,以及用户进行网上娱乐的主要工具。

据 CNNIC 2009 年年底所发布的《2009 中国网民社交网络应用研究报告》显示,2009 年年底中国使用社交网站的用户规模达到 1.24 亿,接近国内网民总数的 1/3[2],足可见社交网站在国内的风靡程度。国内较为成功的社交网站如人人网(原校内网)、开心网等,都拥有庞大的用户数量。然而随着国内社交网站所提供的娱乐方式日益同质化以及其对游戏和应用的过度偏倚,越来越多的网友逐渐对此类网站失去兴趣,网站用户流失率开始增长[3]。相对于注册用户而言,社交网站要想盈利,更应该注重活跃用户的培养,即持续使用或者长期使用的用户。因此,如何降低用户的流失率。培养网站的持续使用用户成为一个至关重要的问题。

正如 Bhattacherjee[4] 所指出的,信息系统的初始采纳固然很重要,但初始的采纳行为只是信息系统取得成功的重要的第一步,相对于初始采纳而言,信息系统能够长期存活和获得最终成功更多的是依靠用户的持续使用。

尽管社交网站的不断发展逐渐吸引了众多学者的注意,国外成熟的大型社交网站 Facebook、MySpace 以及国内的人人网、开心网等,都常常成为学者们的研究对象。然而据统计发现,国外已有

的对社交网站的研究主要集中在印象管理（impression management）、友谊的表现（friendship performance）、网络和网络结构（network and network structure）、线上和线下的联系（online/offline connections）以及隐私问题（privacy issues）[1]等方面，而国内的研究大多集中在对社交网站流行现象的描述、对其信息安全的担忧等层面上，对社交网站持续使用的研究较少。

本研究采取问卷调查的方式，以国内最大的社交网站人人网为例，运用改进的期望确认模型（expectation-confirmation model，ECM），对社交网站的持续使用进行了实证研究，以发现并掌握影响用户持续使用的因素。研究的结果不但有助于研究者对用户行为的了解，对网站的运营者也具有一定的参考价值。

# 2 研究综述

## 2.1 社交网站的持续使用

随着对社交网站研究的深入，国外已有一些学者开始研究社交网站的持续使用。Wang 等[5]以著名社交网站 Facebook 的用户为研究对象，发现一般的计算机自我效能感（general computer self-efficacy）和某特定应用的计算机自我效能感（application-specific computer self-efficacy）在社交网站的持续使用中具有较高的相关性，但是它们对持续使用意向分别有着不同的影响。Kang 等[6]在研究在线服务的持续使用行为时，以社交网站为例，借鉴扩展的 ECM 模型进行研究。实证结果表明，自我形象的一致性（self-image congruity）显著影响 ECM 模型中的感知有用性以及新加入的感知有趣性，而失望（Regret）对持续使用意向的绝对影响比其他任何因素都要大。Shi 等[7]同样以 Facebook 的用户为研究对象，验证了满意度对持续使用意向的影响，同时提出了四种影响满意度的期望不一致（disconfirmation）因素。结果证实，关于维持线下联系、信息查询和娱乐的期望不一致会显著地影响用户的满意度。

尽管国内尚未发现有关社交网站持续使用的研究，但是也有部分学者对社交网站的使用进行了相关研究。李丹[8]的研究发现，用户使用社交网站主要是为了维持人际关系、进行多种网络互动、分享信息和娱乐消遣。廖福生[9]提出，社交网站的快速蔓延主要是因为网络交际的低成本和网络交流带来的较高满足感。王楠[10]通过实证研究发现，校内网（现人人网）用户的互动程度与其登录校内网的次数显著相关，而与使用时间无关。

由上可见，尽管关于社交网站的研究在不断增长，然而研究其持续使用的极少，国内尚停留在对其使用原因等进行研究，缺乏较为深入的研究。本文的研究恰恰可以填补这一研究空白。此外，尽管国外存在为数不多的几篇社交网站持续使用的研究，但是本研究同样有意义。首先，由于国内外文化差异等原因，并不能将国外对社交网站持续使用的研究结论直接运用到国内，而是应该对国内的用户进行实证调查，取得最真实的国内用户的数据，而目前国内最为流行的人人网也最能体现出中国社交网站的特色。因此对人人网的用户进行实证研究，可以较为真实、准确地反映中国社交网站的用户持续使用现状。其次，由于研究侧重点不同，本文所提出的模型与国外同类文章有所区别，包含了不同的研究变量，对于完善测量不同研究变量对社交网站持续使用的影响也有一定的意义。

## 2.2 期望确认模型

ECM 模型是 Bhattacherjee[4]在 Oliver[11]所提出的期望确认理论（expectation confirmation theory，ECT）的基础上提出的。ECT 理论最初是应用于消费者行为领域的研究，它不仅局限于对购买前的行为进行研究，而且同时研究了消费者购买前的期望和购买后的满意度、感知效果以及重复购买；而信息系统的使用行为也可以分为采纳前行为和采纳后行为，信息系统持续使用就属于采纳后行为的一种。Bhattacherjee[4]认为，用户决定持续使用信息系统与消费者决定重复购买某产品或某服务有许多类似之处，如都发生在初始决策（接受或购买）之后，都被初始使用（信息系统或产品）的经验所影响等。因此，Bhattacherjee 认为，可以借鉴 ECT 理论来研究信息系统的持续使用行为。

为了使 ECT 理论更加适用于信息系统的环境，Bhattacherjee 同时借鉴了 Davis 于 1989 年所提出的、广为接受的技术接受模型（technology acceptance model，TAM），对 ECT 理论进行了一些修改，得到了信息系统持续使用的期望确认模型 ECM，如图 1 所示。

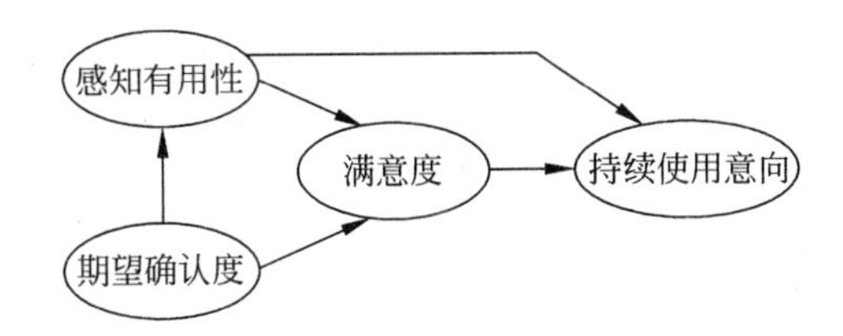


**图 1　信息系统持续使用的期望确认模型**

其中，感知有用性（perceived usefulness）是指用户认为使用某信息系统或信息技术对其工作或学习等方面是否有所帮助；期望确认度（confirmation）是指用户实际使用某信息系统后，将其感知到的效用与未使用前的期望相比较，认为感知效用与期望符合的程度；满意度（satisfaction）是指用户对使用的信息系统是否满意的一种情绪；持续使用意向（continuance intention）是指用户在未来较长一段时间内愿意持续使用某信息系统。

Bhattacherjee 通过对网上银行的用户进行问卷调查来检验 ECM 模型，结果证实该模型的所有假设均成立。自 ECM 模型提出以来，大量有关信息系统持续使用的研究都以该模型作为理论基础，如 Hayashi 等[12]对电子学习系统持续使用的研究，Fu 等[13]对知识管理系统持续使用的研究，Limayem 等[14]对万维网持续使用的研究等，研究结果充分肯定了 ECM 模型的有效性和适用性。

根据文献回顾，对于已有的文献中所提出的信息系统持续使用意向的影响因素，按照其出现的频率大致分为三类，如表 1 所示[15]。

**表 1　信息系统持续使用意向的影响因素**

| 频 率 最 高 | 频 率 较 高 | 频 率 较 低 |
|---|---|---|
| 感知有用性<br>满意度 | 感知易用性　感知趣味性<br>自我效能感　系统使用<br>相容性 | 感知转换成本　习惯<br>主观规范　服务质量<br>忠诚刺激　形象<br>相对优势　复杂性 |

本文将以 ECM 模型作为理论基础，并根据社交网站的特点，选取合理的影响因素对模型进行修改，以期能够更为准确地反映实际情况。

## 3　研究模型和假设

本文在 ECM 模型的基础上，引入了感知趣味性（perceived playfulness）、感知易用性（perceived ease of use）和感知转换成本（perceived switching cost）三个影响因素。这三个因素都属于信息系统的采纳后感知，由于持续使用是一种采纳后行为，因此它们都曾多次被运用到信息系统持续使用的研究中。

感知趣味性是指用户使用某信息系统时所感觉到的乐趣。在研究信息系统的用户行为时，通常会引入有关用户态度的变量。Ajzen[16]认为，用户态度可分为关于对象的态度和关于行为的态度，而关于行为的态度对用户的行为意向存在直接的影响。感知趣味性就是行为态度的一种，许多学者的研究都证明了在能够为用户带来乐趣的信息系统中引入感知趣味性的必要性和有效性。同时，Moon等[17]的研究表明，TAM模型不能完全解释用户所感知的趣味性；而ECM模型借鉴了TAM模型，并且它所研究的信息系统是网上银行，并非以乐趣为主要目的的信息系统，所以同样认为它不能完全反映用户所感知到的趣味。国内的社交网站以休闲娱乐为主要目的之一，因此本研究在ECM模型的基础上引入感知趣味性作为一种新的影响因素。

感知易用性是指用户使用某信息系统所感受到的简单和舒适。尽管ECM模型是在信息系统持续使用研究中运用最广泛的模型，但也有相当大的一部分研究是基于TAM模型和创新扩散理论(diffusion of innovation，DOI)所展开的[15]。这些研究的一大共同特点就是在模型中保留了感知易用性，证明了感知易用性在持续使用中所起到的重要作用。在Hsieh等[18]的研究中，感知易用性对持续使用的影响甚至是最大的。考虑到国内社交网站的定位，本文将感知易用性引入到研究模型中，试图验证社交网站的复杂程度对用户的持续使用是否存在着影响。

感知转换成本是指用其他信息系统来替代原先使用的信息系统，用户所能感知到的需要花费的时间、金钱和精力等成本。转换成本常被用在市场营销和经济学的文献中，是指消费者从一家供应商转换到另一家供应商所需要支付的一次性成本[19]。当研究对象从消费者变为信息系统用户时，感知转换成本就被运用到信息系统的研究中。此外，Ajzen(1991)[20]在其计划行为理论(theory of planned behavior，TPB)中曾提出，感知行为控制(perceived behavioral control)会直接影响行为意向；而感知转换成本就是感知行为控制的一种[21]。鉴于社交网站的一大功能是交友，用户在使用一段时间后都会积累大量有用的信息，转换成本较大，因此本文在研究模型中引入感知转换成本变量，以试图发现其与社交网站持续使用是否存在联系。

本文的研究模型如图2所示，下文将对模型中的研究假设进行简要说明。

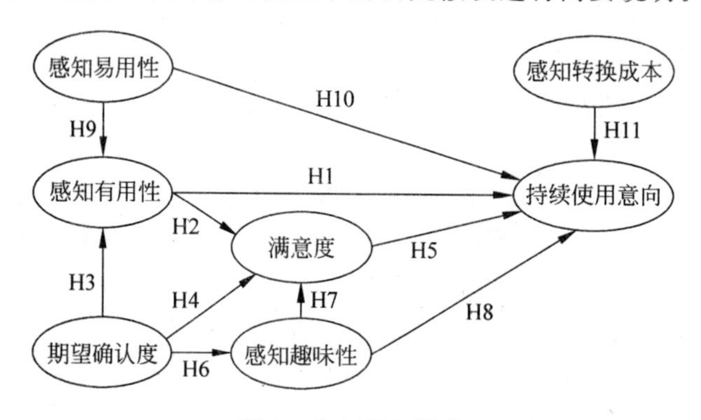


**图2 本文研究模型**

ECM模型是本研究的理论基础，提出该模型的Bhattacherjee通过网上银行验证了ECM模型的五个假设，证明此模型在网络环境中是可行的。与此同时，模型中的五个假设还在许多其他的信息系统中被验证过[12-14]，充分证明了模型的有效性。然而ECM模型尚未在社交网站中被验证过，因此本文首先提出ECM模型所包含的五个假设。

H1：用户对社交网站的感知有用性与持续使用意向正相关；

H2：用户对社交网站的感知有用性与满意度正相关；

H3：用户对社交网站的期望确认度与感知有用性正相关；

H4：用户对社交网站的期望确认度与满意度正相关；

H5：用户对社交网站的满意度与持续使用意向正相关。

社交网站是典型的享乐信息系统(hedonic information systems)，感知趣味性在享乐信息系统中具有较为重要的作用。人人网作为一个社交网站，提供了许多休闲娱乐的功能，因此用户在使用人人网时或多或少都会感受到趣味性。从实际来看，当用户的期望得不到满足时，其对网站的失望不仅会体现在感知有用性上，也会体现在感知趣味性上。从理论上来看，信息系统使用中的感知趣味性属于内在的动机，而感知有用性属于外在的动机。Deci 等[22]认为，人们会同时被内在动机和外在动机所影响，而既然期望确认度会影响外在动机，那么当然可以假设其会影响内在动机即感知趣味性。此外，Lin 等[23]在研究门户网站的持续使用时，也证明了期望确认度对感知趣味性的正向影响。因此，本文提出如下假设：

H6：用户对社交网站的期望确认度与感知趣味性正相关。

满意度是使用网站后的一种情绪反应，是对网站及使用过程的评价。与感知有用性相似，当用户感觉到网站很有趣时，同样会觉得对网站的使用很满意。感知趣味性是一种正面情绪，更多的正面情绪会带来更高的满意度[24]，因而我们假设其可能会对用户的满意度有影响。同时，Lin 等[23]对门户网站的研究、Hsu 等[25]对电子服务的研究以及 Tao 等[26]对商业模拟游戏的研究都显示感知趣味性会正向影响满意度。因此，本文提出如下假设：

H7：用户对社交网站的感知趣味性与满意度正相关。

用户的感知趣味性可能会吸引其对信息系统的再次使用。Van Der Heijden[27]的研究证明，在享乐信息系统中，感知趣味性对行为意向的影响较大，甚至超过了感知有用性，足可见感知趣味性的重要性。Davis 等[28]的研究发现，感知趣味性会显著影响用户的使用意向。同时，Lin 等[23]的研究也证实了感知趣味性会正向影响信息系统的持续使用意向。因此，本文提出如下假设：

H8：用户对社交网站的感知趣味性与持续使用意向正相关。

感知易用性在信息系统持续使用中的作用曾被许多基于 TAM 模型的研究所证实，而在本研究模型中引入感知易用性，主要是由于社交网站属于休闲娱乐性网站，过于复杂的操作可能会影响用户的使用情绪。早在 Davis 于 1989 年所提出的技术接受模型(technology acceptance model, TAM)[28],[29]中就证实了感知易用性会正向影响感知有用性。此外，Gefen[30]对用户持续使用 B2C 网上购物的研究以及 Chan 等[31]对香港用户采纳和持续使用网上银行的研究都显示，感知易用性会显著影响感知有用性。因此，本文提出如下假设：

H9：用户对社交网站的感知易用性与感知有用性正相关。

用户使用社交网站所感受到的难易程度可能会影响其持续使用的意向。Van Der Heijden[27]的研究同时证明了在享乐信息系统中，感知易用性对行为意向的影响也会超过感知有用性。Gefen[30]的研究显示感知易用性会显著影响持续使用意向，而 Chan 等[31]的研究显示感知易用性并不影响持续使用意向，这可能是由于他们研究的信息系统性质的不同，本文认为有必要在社交网站的环境下对其关系进行研究。因此，本文提出如下假设：

H10：用户对社交网站的感知易用性与持续使用意向正相关。

如前文所述，感知转换成本是感知行为控制的一种。之所以在本模型中加入感知转换成本，主要是考虑到社交网站几乎都是采取实名制的注册方式，用户在网站上可能会与大量的朋友建立联系，并且随着对网站使用的深入会积累许多有价值的资料和信息，一旦不使用该网站或者使用别的社交网站，就需要重新与朋友建立联系，重新积累资料和信息，因此而花费的时间、精力以及金钱都可能会影响用户的转换和使用意向。同时，Hong 等[32]在研究某网站用户的持续使用行为时也发现，感知转换成本会显著影响持续使用意向。因此，本文提出如下假设：

H11：用户对社交网站的感知转换成本与持续使用意向正相关。

# 4 研究设计和数据收集

## 4.1 问卷设计

本研究通过在2009年12月至2010年6月间进行的一项问卷调查，对上述模型进行了实证检验。问卷的量表设计参考了许多国外对信息系统研究的成熟量表，同时考虑到社交网站的特征对量表进行适当的修改，所有的研究变量都采用了多个测量指标进行测量。问卷采用李克特五分量表进行设计，分别用1～5标识，1表示“非常不同意”，5表示“非常同意”。问卷曾在研究团队中进行过多次讨论和修改，最终采用的变量测量指标如表2所示。

**表2 问卷的变量测量指标**

| 问卷的变量 | 问卷的变量 |
|---|---|
| **感知有用性**[4],[28] | **感知趣味性**[23],[25] |
| PU1 使用人人网有助于我和朋友的相互了解 | PP1 使用人人网时我会觉得很有趣 |
| PU2 使用人人网便于我和朋友进行网上互动 | PP2 使用人人网常会让我觉得很放松 |
| PU3 使用人人网有助于我和朋友的信息分享 | PP3 使用人人网时我常会忘记过了多少时间 |
| PU4 使用人人网能促进我和朋友之间的联系 | PP4 使用人人网时我通常不会被周围的噪声干扰 |
| **期望确认度**[4] | **感知易用性**[30],[31] |
| C1 使用人人网的收获比我预期的要大 | PEOU1 学习使用人人网对我来说是一件简单的事 |
| C2 人人网所提供的功能比我预期的要多 | PEOU2 使用人人网不会让我觉得很困难 |
| C3 人人网所提供的功能比我预期的要好 | PEOU3 人人网上的操作都很容易实现 |
| C4 总地来说，我对人人网的期望在使用后都达到了 | PEOU4 熟练使用人人网是一件容易的事 |
| **满意度**[4],[23] | **感知转换成本**[32] |
| S1 使用人人网让我感到非常满意 | PSC1 使用其他网站来代替人人网会很麻烦 |
| S2 使用人人网让我感到非常舒服 | PSC2 使用其他网站来代替人人网会丢失许多好友 |
| S3 使用人人网让我感到非常满足 | PSC3 使用其他网站来代替人人网会丢失许多信息 |
| S4 使用人人网让我感到非常高兴 | PSC4 使用其他网站来代替人人网会花费我很多时间 |
| **持续使用意向**[4,25] | |
| CI1 在未来我打算继续使用人人网 | |
| CI2 在未来我愿意继续使用人人网 | |
| CI3 在未来我会经常使用人人网 | |

## 4.2 调查方法

问卷设计完成后，曾在小范围内进行了一次预调查。预调查的结果显示，问卷具有较高的可靠性，进而进行了正式调查。正式的问卷调查分为纸质问卷和网上问卷两种形式，其中纸质问卷的发放主要集中在成都电子科技大学沙河校区，对在校大学生进行问卷发放；网上问卷是挂靠于在线调研平台“我们做”(http://www.wezuo.com/)网站上。问卷均采用随机发放的方式。为了保证样本的有效性,在问卷的开头提示“如果您正在使用人人网,请对以下问题作答”。最终,共回收268份有效问卷。

### 4.3 研究样本

在对问卷回收的数据进行统计分析后发现,样本中男女基本平衡,女性偏多,有148人,占总量的55.2%。样本年龄段主要分布在18~24岁,占样本总量的68.7%,其次是25~30岁,占总量的26.1%。样本主要由学生构成,共有157人,占样本总量的58.6%;企业员工占样本的32.8%。而据CNNIC的报告显示[2],年龄为20~29岁的用户占社交网站整体用户的52.6%,学生和职场人士分别占用户的50.3%和31.1%。可见,本研究的调查对象与CNNIC调查的年龄段和职业最多的分类相一致,说明本调查具有较高的可靠性。

## 5 数据分析和结果

### 5.1 信度和效度检验

在对模型进行验证之前,有必要对信度和效度进行检验。本文采用Cronbach $\alpha$系数来检验量表的信度,采用验证性因子分析(confirmatory factor analysis,CFA)来评估模型的效度。

信度分析是测量潜在变量对应的观察变量内部的一致性,描述了观察变量对共同潜在变量表达的程度。研究发现,Cronbach $\alpha$系数为0.77~0.88,达到了最佳的信度水平[33]。通过SPSS 16.0对量表进行信度检验,发现所有因子的Cronbach $\alpha$系数都高于0.8,如表3所示,证实量表达到了较高的信度水平。

**表3 描述性统计、信度检验和平均萃取变差**

| 因　子 | 1 | 2 | 3 | 4 | 5 | 6 | 7 |
|---|---|---|---|---|---|---|---|
| 1. 感知有用性 | 0.758 | | | | | | |
| 2. 期望确认度 | 0.525 | 0.812 | | | | | |
| 3. 满意度 | 0.488 | 0.751 | 0.863 | | | | |
| 4. 感知趣味性 | 0.625 | 0.730 | 0.727 | 0.749 | | | |
| 5. 感知易用性 | 0.433 | 0.337 | 0.348 | 0.399 | 0.824 | | |
| 6. 感知转换成本 | 0.415 | 0.477 | 0.497 | 0.524 | 0.210 | 0.827 | |
| 7. 持续使用意向 | 0.555 | 0.567 | 0.496 | 0.651 | 0.462 | 0.458 | 0.923 |
| 均值 | 3.882 | 3.390 | 3.367 | 3.287 | 4.029 | 3.312 | 3.711 |
| 标准方差 | 0.736 | 0.857 | 0.815 | 0.877 | 0.751 | 0.913 | 0.733 |
| Cronbach $\alpha$ | 0.841 | 0.885 | 0.920 | 0.838 | 0.892 | 0.896 | 0.945 |

注:对角线上黑体数字为AVE值的平方根。

本文选用AMOS 18.0对模型进行验证性因子分析。首先需要检验模型的拟合参数,较好的模型拟合参数其$\chi^2/df$值应该不超过5,并且其NNFI值和CFI值都应该超过0.9[34]。本模型的估计方法采用了极大似然法(maximum likelihood)。结果显示,该模型的拟合参数为$\chi^2/df=2.147$($p<0.001$),NNFI=0.923,CFI=0.934,NFI=0.884,RMSEA=0.066,模型拟合效果较好。

进一步使用平均萃取变差(average variance extracted，AVE)来考察模型的效度。如果所有因素的AVE都大于0.5，即AVE的平方根大于0.707，则认为模型的会聚效度较好；如果所有因素的AVE值的平方根都大于各因素结构间的相关系数，则认为模型的判别效度较好[35]。分析的结果如表3所示，表中位于对角线上的黑体数字是AVE值的平方根，所有AVE值的平方根都大于0.707，并且大于交叉变量的相关系数，说明本研究模型具有较好的效度。

## 5.2 假设检验和研究结论

本文通过结构方程模型中的路径分析(path analysis)对模型中的11个假设进行检验，模型的估计也采用极大似然法。分析模型拟合度的结果显示，结构模型的拟合参数为 $\chi^2/df=2.544$ $(p<0.001)$，NNFI＝0.897，CFI＝0.908，NFI＝0.858，RMSEA＝0.076。只要 $\chi^2/df$ 值不超过3，就说明假设模型和观测到的数据的拟合度是可以接受的[23]。

利用结构方程模型方法的验证分析结果如图3所示，所有假设的路径系数、显著水平以及四个内生变量的 $R^2$ 值均在图中给出。

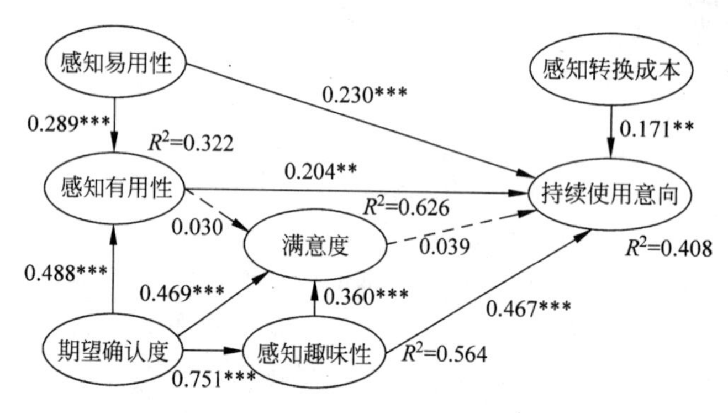


**图3 研究模型的路径分析结果**

*** $p<0.001$；** $p<0.01$；* $p<0.05$。

验证的结果显示，模型中四个内生变量都有32%以上的解释能力。用同样的分析方法对原ECM模型进行验证后发现，原ECM模型中三个内生变量的解释能力(感知有用性 $R^2=0.291$，满意度 $R^2=0.580$，持续使用意向 $R^2=0.389$)均不如改进后的ECM模型高，说明改进后的模型取得了较为理想的效果。

对于模型中的11个假设，除了假设H2和假设H5(图3中虚线所示)以外，其余的9个假设均被支持。其中，本文所提出的三个新的研究因素，即感知趣味性、感知易用性和感知转换成本，均被证实显著影响持续使用意向。另外，感知有用性也显著影响用户的持续使用意向。值得注意的是，感知趣味性对持续使用意向的影响最大，其次是感知易用性，它们的影响都超过了感知有用性，这与Van Der Heijden[27]对享乐信息系统的研究结论是类似的。

其中，感知有用性主要体现在用户使用该网站对其线上社交活动和线下社交活动的帮助上，这是社交网站最基础的功能。由H1成立可知，这也是影响用户持续使用意向的主要因素之一。

用户在使用网站的初期会对使用后的效果有一个期望，若用户的期望过高或者网站的表现过差，都会对用户产生负面的影响。由H3、H4和H6成立可知，更高的期望确认度对用户的感知有用性、感知趣味性以及满意度都有正向的影响。

在社交网站这种享乐信息系统中，用户能从许多方面获得乐趣，比如，与朋友的相互留言、分享各类有趣的日志以及网站提供的各种小游戏。由 H7 和 H8 成立可知，若用户感受到足够多的乐趣，那么用户对网站就会有更高的满意度，并且有较大可能会持续使用该网站。

对网站的感知易用性主要体现在操作的难易程度上，比如，页面布局和菜单设计的合理性、信息搜索的快捷性和准确性以及功能实现的简便性等。由 H9 和 H10 成立可知，若网站的操作过于复杂，则可能会对用户的感知有用性和持续使用意向有较大的负面影响。

用户在某社交网站上使用过一段时间后，会积累大量有用的信息，比如，在该网站上与朋友的联系、分享的有价值的日志、上传或分享的相册等，当用户积累的信息越多，其感知转换成本就越高。由 H11 成立可知，感知转换成本越高，用户就越有可能会持续使用该网站。

研究结果不支持 H2，即不支持感知易用性与满意度之间的关系，这与 Fu 等[13] 和 Lin 等[23] 的研究结论相似。研究结果也不支持 H5，即不支持满意度与持续使用意向之间的关系，这与 Hayashi 等[12] 的研究结论相似。但这并不意味着可以否定感知有用性对满意度的影响以及满意度对持续使用意向的影响，毕竟有大量的文献曾经对它们之间的关系进行过验证。导致假设 H2 和 H5 不被支持的原因有许多，可能是因为本研究所设计的针对社交网站的量表对研究变量的描述有偏差，也可能是在研究设计中有其他被忽视的地方，这些可在后续的研究中进行进一步的探讨。

# 6 总结与展望

## 6.1 研究总结

本文针对逐渐出现的社交网站客户流失的问题，对网站用户的持续使用进行了研究，以期发现能够影响用户持续使用的因素。尽管社交网站吸引了众多学者的研究兴趣，然而国内尚未有学者对社交网站的持续使用进行研究。此外，尽管 ECM 模型被广泛地运用在信息系统持续使用的研究中，但它也极少被运用在社交网站持续使用的研究中。本文的研究以人人网为例，以 ECM 模型作为理论基础，对社交网站的持续使用进行了实证研究，从而弥补了以上两点研究空白。本研究在 ECM 模型的基础上引入三个新的影响因素，以期能够更好地体现社交网站的特点，反映社交网站持续使用的真实情况。数据分析的结果支持了绝大多数假设，新引入的三个影响因素均对持续使用意向有显著的影响，并且本研究构建的模型具有较好的解释能力。

## 6.2 管理启示

本文的研究结论对网站运营商也具有一定的实践意义。参照研究得出的结论，为了减少用户流失，吸引用户持续使用社交网站，网站的运营者可以丰富网站的基础功能，提高用户的感知有用性；简化网站的操作，增强用户的感知易用性；注重网站的推陈出新，使用户保持较高的乐趣；使用一些增强用户黏性的策略，提高用户的感知转换成本。

## 6.3 局限性与研究展望

本研究也存在一些不足，可在后续的研究里进一步完善和深入。首先，研究的样本主要为在校大学生。尽管大学生样本具有一定的代表性，但扩大样本增加不同人口统计特征的人群作为研究对象，可以增强模型的通用性。其次，由于人力和时间的限制，本文的实证研究所收集的数据是横断面的数据，即采用持续使用意向变量来表示用户的持续使用，而不是真正的持续使用行为。Sheppard 等[36] 在其研究中发现，大体来说，意向与行为之间的相关系数平均为 0.58，而 Davis[28] 在其研究中发现，信息系统用户的使用意向与实际使用行为之间的相关系数仅为0.35，在平均值以下，因此，后续的研究有必要利用纵向的数据，对用户的实际持续使用行为进行研究。最后，本文没有针对不同特征的人群进行对比分析，后续的研究可结合人口统计变量，讨论不同特征的人群的持续使用行为是否有显著差异。以上几点均可作为后续的研究方向。

## 参考文献


[1] Boyd D M, Ellison N B. Social network sites: Definition, history, and scholarship[J]. Journal of Computer-Mediated Communication, 2007, 13(1): article 11.

[2] 中国互联网络信息中心. 2009中国网民社交网络应用研究报告[R]. 北京：中国互联网络信息中心，2009，11.

[3] 李冰玉. 3D虚拟社区与社交网站的融合发展探析[J]. 东南传播，2010，66(2)：56-58.

[4] Bhattacherjee A. Understanding information systems continuance: An expectation-confirmation model[J]. MIS Quarterly, 2001, 25(3): 351-370.

[5] Wang D, Xu L, Chan H C. Understanding users'continuance of facebook: The role of general and specific computer self-efficacy[C]. Twenty Ninth International Conference on Information Systems, Paris, France, 2008: 168.

[6] Kang Y S, Hong S, Lee H. Exploring continued online service usage behavior: The roles of self-image congruity and regret[J]. Computers in Human Behavior, 2009, 25(1): 111-122.

[7] Shi N, Lee M K O, Cheung C M K, et al. The continuance of online social networks: How to keep people using facebook[C]. Proceedings of the 43rd Hawaii International Conference on System Sciences, Koloa, Kauai, Hawaii, 2010: 1-10.

[8] 李丹. 社交网站用户的行为和动机[J]. 传媒观察，2009(4)：44-45.

[9] 廖福生. SNS社交网站流行所引发的思考[J]. 科技传播，2009(5)：3-5.

[10] 王楠. 对校园SNS用户人际互动与其掌握社会资本相关性的实证研究[D]. 济南：山东大学，2009.

[11] Oliver R L. A cognitive model of the antecedents and consequences of satisfaction decisions[J]. Journal of Marketing Research, 1980, 17(4): 460-469.

[12] Hayashi A, Chen C, Ryan T, et al. The role of social presence and moderating role of computer self efficacy in predicting the continuance usage of e-learning systems[J]. Journal of Information Systems Education, 2004, 15(2): 139-154.

[13] Fu S S S, Lee M K O. Explaining IT-based knowledge sharing behavior with IS continuance model and social factors[C]. The Tenth Pacific Asia Conference on Information Systems, Kuala Lumpur, Malaysia, 2006: 255-270.

[14] Limayem M, Hirt S G, Cheung C M K. How habit limits the predictive power of intention: The case of information systems continuance[J]. MIS Quarterly, 2007, 31(4): 705-737.

[15] 陈瑶，邵培基. 信息系统持续使用的实证研究综述[J]. 管理学家(学术版)，2010(4)：59-69.

[16] Ajzen I. Attitudes, traits, and actions: Dispositional prediction of behavior in personality and social psychology[J]. Advances in Experimental Social Psychology, 1987, (20): 1-63.

[17] Moon J W, Kim Y G. Extending the TAM for a World-Wide-Web context[J]. Information & Management, 2001, 38(4): 217-230.

[18] Hsieh J J P, Wang W. Explaining employees'extended use of complex information systems[J]. European Journal of Information Systems, 2007(16): 216-227.

[19] Burnham T A, Frels J K, Mahajan V. Consumer switching costs: A typology, antecedents, and consequences[J]. Journal of Academy of Marketing Science, 2003, 31(2): 109-126.

[20] Ajzen I. The theory of planned behavior[J]. Organizational Behavior and Human Decision Processes, 1991, 50(2): 179-211.

[21] Hong S, Lee H. Antecedents of use continuance for information systems[C]. 2005 KMIS International

Conference,Korea,2005: 410-415.

[22] Deci E L,Ryan R M. Intrinsic Motivation and Self-determination in Human Behavior[M]. New York: Plenum Press,1985.

[23] Lin C S,Wu S,Tsai R J. Integrating perceived playfulness into expectation-confirmation model for web portal context[J]. Information & Management,2005,42(5): 683-693.

[24] Westbrook R A. Product/consumption-based affective response and postpurchase processes [J]. Journal of Marketing Research,1987,24(3): 258-270.

[25] Hsu M H,Chiu C M. Predicting electronic service continuance with a decomposed theory of planned behaviour[J]. Behaviour & Information Technology,2004,23(5): 359-373.

[26] Tao Y H,Cheng C J,Sun S Y. What influences college students to continue using business simulation games? The Taiwan experience[J]. Computer & Education,2009,55(3): 929-939.

[27] Van Der Heijden H. User acceptance of hedonic information systems[J]. MIS Quarterly,2004,28(4): 695-704.

[28] Davis F D,Bagozzi R P,Warshaw P R. User acceptance of computer technology: A comparison of two theoretical models[J]. Management Science,1989,35(8): 982-1003.

[29] Davis F D. Perceived usefulness,perceived ease of use,and user acceptance of information technology[J]. MIS Quarterly,1989,13(3): 319-340.

[30] Gefen D. TAM or just plain habit: A look at experienced online shoppers[J]. Journal of End User Computing, 2003,15(3): 1-13.

[31] Chan S C,Lu M T. Understanding internet banking adoption and use behavior: A Hong Kong perspective[J]. Journal of Global Information Management,2004,12(3): 21-43.

[32] Hong S,Kim J,Lee H. Antecedents of use-continuance in information systems: Toward an integrative view[J]. The Journal of Computer Information Systems,2008,48(3): 61-73.

[33] 朱镇,赵晶. 管理者如何识别企业电子商务能力——基于中国传统行业的实证研究[J]. 研究与发展管理,2009, 21(5): 20-28.

[34] Bentler P M,Bonnett D G. Significance tests and goodness of fit in the analysis of covariance structures[J]. Psychological Bulletin,1980,88(3): 588-606.

[35] 张楠,郭迅华,陈国青. 信息技术初期接受扩展模型及其实证研究[J]. 系统工程理论与实践,2007(9): 123-130.

[36] Sheppard B H,Hartwick J,Warshaw P R. The theory of reasoned action: A meta-analysis of past research with recommendations for modifications and future research[J]. Journal of Consumer Research,1988,15(3): 325-343.

## An Empirical Research of Social Network Sites Continuance: Based on A Modified Expectation-Confirmation Model

CHEN Yao,SHAO Peiji

(School of Economics and Management,University of Electronic Science and Technology of China,Chengdu,610054)

**Abstract** As a newly emerging information system,the social network sites have attracted many researchers'interests gradually. This study takes renren. com as an example,carries on an empirical research of user's continuance from the problem of user churn. The study is based on the expectation-confirmation model. We have brought three new factors into the model,which are perceived playfulness,perceived ease of use and perceived switching cost. And then we tested the model and the hypotheses using structural equation modeling. The result shows that most of our hypotheses are supported and the explain ability of the model is better than the original ECM model. At the end of the paper we propose the implications for management and some suggestions for future research.

**Key words** Social network sites, Continuance, Expectation-confirmation model, Information systems, Empirical research

**作者简介**

陈瑶，电子科技大学经济与管理学院，硕士在读。研究方向为信息管理与电子商务。E-mail：yao87@163.com.

邵培基，电子科技大学经济与管理学院，博士生导师，教授。研究方向包括：信息管理与电子商务、客户关系管理。E-mail：shaopj@uestc.edu.cn。

# 企业电子商务能力测量模型研究
## ——基于动态能力的视角

刘 璞 蔡 娜 王云峰
(河北工业大学管理学院,天津 300130)

**摘 要** 研究目的是探究企业电子商务能力的内涵、构成维度及其测量问题。基于我国电子商务应用实践,本文以企业动态能力理论与以往文献为基础,采用内容分析方法研究并构建了电子商务能力的概念模型及相应的测量问项,并采用问卷调查的方式进行数据收集、项目分析、信度分析、因子分析等实证测量方法对模型进行了补充和完善。与以往研究相比,本研究所提出的将电子商务能力解构为电子商务战略能力、电子商务管理能力、电子商务技术资源三个维度,这一思想既体现了电子商务的系统性和集成性的特点,又体现了其随内外部环境变化的动态性特征。本研究将有助于指导企业识别和培育核心电子商务能力,从而为其电子商务成功提供持续原动力。

**关键词** 电子商务能力 企业动态能力理论 内容分析
**中图分类号** F713.36

## 1 引言

20世纪90年代以来,以网络化电子交易为主要特征的电子商务得到迅速发展。然而,企业的电子商务投资是否以及如何影响企业绩效仍没有被充分揭示[1-3]。着眼于传统商务环境下信息技术投资的商业价值的大量研究成果,尚无法回答在网络化使能的商务环境下信息技术投资如何产生、如何增加企业绩效和商业价值的问题[1]。而聚焦互联网独特的连通性、互动性和开放性及网络集成对企业资源放大作用的电子商务能力理论可以更好地对此问题做出解释。因为当电子商务(electronic business,以下简称E-B)转化为企业难以替代或难以模仿的资源,同时相关资源整合成独特的职能从而形成企业内部独特的能力时,企业就可以因其将电子商务能力根植于组织结构而从互联网上获益[4]。

根据信息系统领域的研究人员对信息技术能力的研究发现,从"能力观"的角度研究信息技术对企业竞争优势的影响可以更好地解释信息技术在企业中的价值与作用[5]。作为复杂信息系统创新的典型、信息技术应用重要产物的电子商务,成功的关键也在于形成电子商务能力(electronic business capability),而不是进行单纯的信息技术投资。有关研究认为,当企业形成一种独有的、不易被其他企业模仿的且与E-B应用有关的核心能力时,就会造成投资绩效差异。只有对电子商务能力内涵和构成的深入理解,才能更有利于把握该构念的本质,从而开发与培育电子商务能力,为提高企业绩效服务。与IT能力理论不同的是,E-B能力更加侧重与供应商和客户相关的商务活动的能力。因此,电子商务能力不应完全等同于信息技术能力,不能利用现有的较为成熟的信息技术理论解释电子商务领域的有关现象。同时,作为企业不断适应信息技术变化、客户需求变化、战略发展变化的能力,企业的E-B能力应聚焦于动态能力的理念,应该"不断以快于竞争对手的速度感知、抓住突现的机会并进行必要的资源重构"[6]。而目前有关电子商务能力维度测量的研究无法体现现代电子商务与企业战略、组织结构、业务流程等互相影响、互相制约的特点。因此，从企业动态能力的视角揭示电子商务能力的内涵及构成维度，不仅具有重要的理论意义，而且是企业电子商务实践必须解决的重大问题。

本研究的目的是建立基于企业动态能力理论的电子商务能力理论模型。作为研究的基础，本文旨在探究企业电子商务能力的内涵及其构成维度，从而构建电子商务能力理论模型和测量模型，并通过实证分析对研究结论进行验证，为今后分析电子商务能力与企业绩效之间的关系打下基础。

# 2 文献回顾和问题提出

## 2.1 动态能力理论基础

动态能力概念由 Teece 等于 1997 年[7]首次提出，他们将其定义为：为了适应快速变化的外部环境，构建(build)、整合(integrate)和重构(reconfigure)企业内部和外部能力(competence)的能力(capability)。2007 年，Teece 更明确地提出，动态能力是"不断以快于竞争对手的速度感知、抓住突现的机会并进行必要的资源重构的能力"[6]。可见，动态能力可以使企业通过组织资源重构避免刚性，确保所建立并保持的核心能力与内外部环境的现状是相匹配的，从而可以使企业在应对环境变化、获得新的发展机遇和竞争优势方面保持先进性，从而能更好地实现企业的战略目标。

根据上述动态能力的核心理念，可知企业的电子商务能力作为企业不断适应信息技术变化、客户需求变化、企业战略发展变化的核心能力，必然符合该理念的要求。因此，从动态能力的角度分析电子商务能力的构成是科学的、必要的。

## 2.2 电子商务能力的相关研究

基于对电子商务内涵的认知不同，电子商务能力研究可以分为两大类：基于 e-commerce 的电子商务能力研究和基于 e-business 的电子商务能力研究。作为 e-commerce 的电子商务被看成是利用网络销售产品和服务的工具[8]。此时，电子商务能力"代表了可以通过互联网提供信息、进行交易和客户服务的前端能力"[9]。建立在此概念基础上进行分析的有 Zhu 等[9,10]和 Chu[11]。采用 e-business 作为电子商务核心的研究人员相对较多，而且多出现于近几年，如赵晶团队[12-14]、Soto-Acosta 和 Meroño-Cerdan[15]、Wu 和 Zhong(仲伟俊)[16]、王云峰团队[3]。该观念认为，电子商务包括能辅助企业提供商业交易的所有前台和后台的应用和流程[17]，而电子商务能力是企业根据内外部环境的变化，调用、部署和集成与电子商务有关的资源的能力，体现了企业通过对电子商务的合理运营和管理以获取商业价值的能力。上述两种研究分别由此构建了电子商务能力对企业绩效关系的实证研究。

(1) 基于 e-commerce 的电子商务能力研究

在 2002 年的实证研究中，加州大学的 Zhu 和 Kraemer[9]以美国 260 家制造企业作为研究样本，应用回归分析检验了电子商务能力(信息、交易、合作和定制、供应商连接)与绩效(利润率、成本节约、库存周转效率)的关系。在 2004 年，Zhu[10]又对美国 114 家零售企业进行了调查，分析了电子商务能力和 IT 基础设施的集成对企业绩效的影响作用。

南澳大利亚大学的 Chu[11]认为，电子商务能力"是电子商务技术资源、业务网络、电子商务管理技能的结合"，测量时将其分解为电子商务技术资源、业务网络、电子商务管理技能、信息协作、客户网络 5 个要素。通过网络调查的方式收集了 5 个国家(马来西亚、新加坡、美国、英国、澳大利亚)不同行业

250 家企业的数据，采用多层回归的方法检验了电子商务能力与企业整体绩效(电子商务绩效、经营绩效、竞争绩效、利润和销售)的关系。

(2) 基于 e-business 的电子商务能力研究

中国地质大学的吕兰和赵晶[12]从流程视角使用“共享信息能力”和“合作流程能力”表述了电子商务在流程水平的两个属性。根据在中国收集的 175 份实施电子商务的制造企业数据，利用偏最小二乘分析检验了电子采购业务中的 E-B 能力、电子采购流程绩效和企业财务绩效的关系。在 2009 年的研究中，朱镇和赵晶[13]分析了 IT 资源和企业战略对 E-B 能力形成的重要影响作用；谷文辉和赵晶[14]建立了“IT 资源-电子商务能力”的关联效应模型。

西班牙穆尔西亚大学的 Soto-Acosta 和 Meroño-Cerdan[15]将 E-B 能力分为内部能力(内部业务流程的在线运行)和外部 E-B 能力(与供应商和客户的在线业务往来)。他们以西班牙的 10 个行业 1010 家企业作为实证调查样本，应用结构方程模型检验了 E-B 能力对 E-B 价值(在线采购成本、供应商关系、物流和库存成本)的影响作用。

东南大学的 Wu 和 Zhong[16]基于流程导向的视角提出了 E-B 应用能力的概念，并基于 IT 价值创造流程从三个流程导向的维度对其进行测量。Wu 和 Zhong 在多案例研究(三个大型钢铁制造型企业)的基础上分析了 E-B 资源、E-B 应用能力与企业竞争力的关系。

另外，Hafeez 等[18]识别了三种 E-B 能力(业务战略、供应链战略和 E-B 准备度)，并分别将这三种能力从技术、组织和人员维度加以细分，评价其对企业绩效的贡献。Raymong 和 Bergeron[19]则从 E-B 能力与企业战略关系的角度对其进行了研究。

现将主要研究成果总结见表 1。

**表 1 电子商务能力的概念和维度**

| 作　者 | 概　念 | 维　度 |
|---|---|---|
| Zhu 和 Kraemer[9]、Zhu[10] | 与客户和企业伙伴相关并通过互联网处理业务的企业能力 | 信息，交易，客户化，后端集成 |
| Chu Jan Tow Lawrence[11] | 电子商务技术资源、业务网络、电子商务管理技能的结合 | 电子商务技术资源，业务网络，电子商务管理技能，信息协作，客户网络 |
| 赵晶团队[12-14] | 未给出 | 共享信息能力、合作流程能力 |
| Soto-Acosta 和 Meroño-Cerdan[15] | 与其他有价值的资源结合或在其他有价值资源存在的情况下，调动和配置基于网络的资源的能力 | 内部电子商务能力、外部电子商务能力 |

纵观上述研究成果可以发现，虽然研究人员分别基于对电子商务的两种认知方式定义了电子商务能力，但实际上，随着电子商务的发展，越来越多的专家和学者倾向于采用第二种定义方式。第一种认知方式下解析的电子商务能力不够全面，无法透视实施电子商务所体现的系统性，不能体现现代电子商务影响企业战略、组织结构、业务流程等特点。而基于第二种认知方式下定义的电子商务能力在体现电子商务系统性和整体性方面虽然较第一种方式有所改进，但是仍无法体现动态变化的特征。也就是说，现有关于电子商务能力的分析和解构是建立在电子商务系统已经构建好的基础上，而且不需做相应的变化。而基于近几年电子商务发展的现状，我们知道电子商务系统不能也不应该是一成不变的，它需要根据企业的战略、外部环境的变化等条件进行相应调整。这就意味着，我们应该在现有对电子商务能力静态认知的基础上进行拓展，增加其适应动态环境变化的能力的维度，从而能够保证企业电子商务系统的先进性和实用性。即在这样的认知前提下，企业所具备的电子商务能力可以

使其电子商务应用能根据内外部环境变化而进行调整和发展。因此可以说，现有的电子商务能力概念和维度的解析在解释电子商务能力特质方面均有可改进之处。

# 3 研究设计

为了从企业动态能力的角度构建电子商务能力测量模型，我们认为，由于现有部分企业的电子商务实践已比较成功，而且能随着内外部环境的变化进行相应的调整。因此，我们可以从认识和总结企业成功实践所包含的相关能力出发，去除特殊性，提炼普遍性，从而总结发现“动态能力”是如何体现和构成的。由于近几年关于电子商务实践成功和经验的报告文献能够实时反映成功企业的电子商务现状，也能反映这些企业究竟采取了哪些手段、具备了哪些能力才达到现有的水平，同时，这些数据资料与通过问卷调研获得的数据相比，基本上不包括主观臆断或者较少受到主观臆断的影响，从而具有较高的客观性和可靠性[20]，因此，我们决定采用这些二手数据进行内容分析。

本研究分两个阶段进行。首先，在文献研究的基础上，采用详细的内容分析方法，初步探索电子商务能力的内涵和构成要素，构建电子商务能力构成要素的理论模型。其次，在内容分析研究结果的基础上，设计电子商务能力的测量量表，利用问卷调查的方式进行数据收集，并主要采用因子分析的实证测量方法对理论模型进行了完善和补充，最后得出电子商务能力的测量模型。

## 3.1 内容分析

内容分析方法是一种非干扰性的研究方法，用于系统分析各种形式的媒体信息，是对二手数据进行系统、客观、定量的推论，以对感兴趣的变量进行测量的分析方法[21,22]。该方法可以帮助我们搜集和分析现有的电子商务应用成功案例背后隐含的电子商务能力内涵，从而开发出能够准确测量该概念的量表。

(1) 资料的收集

为了能搜集到更多实时的且与企业电子商务实践发展相关的数据，我们通过网络搜集发现有关电子商务企业的网络信息、新闻报道比较多，比如，中国电子商务网(http://www.cebn.cn)、亿邦动力网(http://www.ebrun.com)、硅谷动力(http://www.enet.com.cn)等都是公开发表丰富的电子商务信息的平台，特别是在对电子商务企业高层领导的访谈中，谈话内容涵盖了电子商务应用过程中的方方面面。因此，本研究从三个电子商务网站上一共搜集了从2008年7月到2009年7月32家企业的原始访谈资料作为内容分析的原始材料。在这些材料中，被访谈者回顾了企业电子商务应用发展的历史，总结了经验，有的也提出了下一步行动计划，因此可以反映该企业电子商务应用的动态发展历史，符合本研究设计的需要。所涉及的企业既包括传统企业开展电子商务业务的企业，(如李宁、爱国者等)，又包括第三方电子商务企业，(如阿里巴巴、慧聪等)，还有综合性电子商务平台(如谷歌等)。因此，我们认为这些资料可以提供我们分析电子商务能力所需要的内容。

(2) 分析类目的确定

我们首先对32篇原始资料进行了仔细阅读，一共筛选出了280个分析单元作为原始的、最小的内容分析单元。然后邀请了三位深耕信息系统领域、电子商务领域的博士老师参与分析类目的调整和编码工作。

结合国内外相关研究文献，在分析比较的基础上，根据互斥性和完备性的内容分类原则，初步形成了电子商务能力的三个假设维度——电子商务战略能力、电子商务管理能力、电子商务技术资源，并给出了三者的定义以及据文献给出的典型条目。三位编码员按照类别定义，独立地对280个分析单元进行了分类。当现有类别不适合某个分析单元时，他们还可以提出新的类别。当发现某个分析单元不能归入任何类别时可以放弃对该单元的分类。

第一轮编码结束时，三位编码员并未提出新类别，说明研究给出的三个假设维度已经涵盖了电子商务能力的主要方面。但是，由于电子商务管理能力维度下的条目过于抽象，导致分类结果不理想。依据三位编码员给出的建议，结合内容分析资料，适时调整了该维度下条目的分类体系。同时，编码员发现有些分析单元无法体现能力的内涵，针对此问题，我们与编码员一起讨论了内容分析的单元。发现这些分析单元只是企业开展电子商务活动的一般性描述，不属于电子商务能力的范畴。经过仔细筛选，剔除了这 64 个分析单元。

根据第一轮分类的结果，确定了最终的分类体系。在新的分类体系下，三位编码员对余下的 216 个分析单元重新进行第二轮编码。这轮编码结束时，与电子商务能力相关的 3 个维度，23 个变量被确定下来。

(3) 信效度检验

我们首先统计了三位编码员两两之间对同一分析单元编码一致性的个数，如表 2 所示。

**表 2　编码一致性统计**

| | 甲 | 乙 | 丙 |
|---|---|---|---|
| 甲 | 1 | | |
| 乙 | 156 | 1 | |
| 丙 | 167 | 172 | 1 |

经计算可得，编码信度为 0.906 5，该数值高于 Kassarjian[23] 建议的 0.85 的标准以及格柏那建议 0.80[24] 的标准，说明三位编码者之间具有较好的编码信度一致性。由于本研究的分析单元很多，所以从 216 个分析单元中随机抽选了 50 个分析单元检验效度，分别计算了这 50 个分析单元编码结果的 CVR 值(内容效度比)。结果显示，有 38 个分析单元的 CVR＝1.00；8 个分析单元的 CVR＝0.55，4 个分析单元的 CVR＝0.33。从检验结果来看，大部分分析单元表示了电子商务能力的范畴，对电子商务能力构成维度进行了有效测量，即本研究的编码结果具有较好的内容效度。

(4) MAXQDA2007 软件整理

在保证编码信效度的基础上，我们借助 MAXQDA2007 软件，对资料进行了更加详尽的分析和整理。MAXQDA(MAX qualitative data analysis)是德国柏林的 VERBI 软件咨询公司生产的定性分析软件，在定性研究方面以使用方便、功能强大而著称。

由该软件导出了编码体系表、编码备忘录、编码片段和编码频数等信息。由于篇幅限制，本文仅将编码体系和编码频数合并列示于表 3，该表能够反映内容分析的主要结果。

**表 3　编码体系和编码频数**

| Code System(频数：216) |
|---|
| **电子商务战略能力(62)** |
| STR1 电子商务负责人在企业管理层中的级别(3) |
| STR2 企业高级管理层是否对电子商务很重视(6) |
| STR3 企业的电子商务战略是否有效地支持了企业战略(5) |
| STR4 企业是否具有清晰的电子商务发展目标(27) |
| STR5 企业是否具有明确的电子商务战略规划(21) |

续表

| 电子商务管理能力(121) |
| --- |
| MA1 企业在开展电子商务之前是否进行了调研工作(3) |
| MA2 企业是否选择了正确的电子商务运作模式(10) |
| MA3 企业是否调整组织结构支持电子商务(1) |
| MA4 企业是否对电子商务流程规范或优化(8) |
| MA5 企业是否重视对电子商务人才的培养和团队的建设(18) |
| MA6 企业是否重视线上线下的整合经营(13) |
| MA7 企业是否将电子商务平台作为品牌营销的主要渠道之一(3) |
| MA8 企业是否重视培养客户/供应商利用电子商务的习惯(3) |
| MA9 企业是否重视通过平台与客户的交流(7) |
| MA10 企业是否重视丰富电子商务功能来提升客户/供应商体验(6) |
| MA11 企业是否提供网络特色或线上线下差异化产品/服务(31) |
| MA12 企业是否重视产品质量或对供应商的资信认证(10) |
| MA13 企业是否通过电子商务平台实现与合作伙伴(包括供应商)之间的优势互补(8) |
| **电子商务技术资源(33)** |
| TE1 企业是否支持电子商务平台的建设或维护(2) |
| TE2 企业是否支持电子商务与原有系统的整合(4) |
| TE3 企业网络/电子商务系统是否具有可扩展性(8) |
| TE4 企业是否支持买卖双方轻松、安全地完成在线交易(15) |
| TE5 信息技术是否支持物流的便捷服务(4) |
| Sets |

## 3.2 内容分析主要结论

由表3可以看到,在总共的216次编码结果中,其中,电子商务管理能力维度编码121个,约占56%;电子商务战略能力维度编码62个,占29%;电子商务技术资源编码33个,占15%。在研究得出的电子商务能力三个维度中,相比较而言,电子商务管理能力所占比重最多,即在216个分析单元中大多数都提到了有关电子商务管理能力方面的内容,其次是电子商务战略能力,占比重比较少的是电子商务技术资源。这说明,虽然电子商务具有很强的应用性,对电子商务技术方面的关注必不可少,但是作为电子商务最热心的推动者——企业,它需要通过电子商务来建立竞争优势,因此更加重视管理、战略方面的与商务活动相关的能力。

内容分析得到的电子商务能力23个变量主要反映在以下三个层面:

战略层面——企业若想通过电子商务获得持续竞争优势,需要具备长期的战略能力。电子商务战略能力作为电子商务能力的重要组成维度之一,是企业应用电子商务所应具有的氛围、愿景、规划的能力,具体由表3中的STR1～STR5体现。例如,在对李宁电子商务部主管林砺的采访资料中我们看到,作为一个非常成熟的企业,李宁在上线前期做了大量的准备工作,即是“按照严格的经营思路在规划自己的第一次亮相”的,虽然具有这样清晰的战略规划,但是“在淘宝网店开张第一天,突如其来的高流量还是让他们措手不及”。因此,林励适时地对以后的规划进行了调整,在给团队人的邮件中强调“把‘练内功’作为今后一个时段工作的重要内容”。可见,对电子商务平台及运营方式的规划及调整将贯穿电子商务应用过程的始终,是企业电子商务能力的重要内容。

管理层面——协调与电子商务成功应用相关的一系列复杂活动的管理能力是获得长期竞争优势的关键[7]。研究认为,电子商务管理能力是企业开展电子商务所应具有的协调和整合组织内部活动及便利客户和供应商活动的能力，这主要由 MA1～MA13 来体现。据慧聪 CEO 郭江介绍，慧聪网经历了三次比较大的转型，其中向互联网的转变是生产线和组织结构的调整；京东商城总裁刘强东也说，京东之所以能够实现盈利，销售规模超越亚马逊和当当网，在很大程度上也有赖于其不断提高经营效率、优化流程。从理论和实践的角度我们可以看到这种动态调整组织结构和流程以适应电子商务发展的能力是电子商务管理能力很重要的特性，是企业开展电子商务必须重视的。

基础层面——在所有的 IT 资源中，IT 技术的研究是需要首先考虑的。研究将电子商务技术资源作为基础层面的主要维度，将其定义为企业开展电子商务所需要的技术支持，主要通过企业内部、外部技术支持的服务来体现，主要包括 TE1～TE5 五个方面。比如，MFG. com 总裁兼首席执行官 Mitch Free 在接受《电子商务世界》记者采访时，谈到技术和服务的关系时说："对于 B2C 企业来说，技术和服务同样重要。比如说，一家采购商找到了一家合适的供应商，但是因为各自使用的是不同的 ERP 系统使得交易难以达成，而 MFG. com 能够提供实现双方数据交换的对接技术，且不必改变其中任何一方的系统，这样买卖双方的交易就能很快完成。事实上，这也是一种服务，但如果没有相应的技术支持，这种对接服务能实现吗？"因此可以说，作为电子商务运行的基础，对技术资源的掌控能力必不可少。

通过对各层面变量的仔细分析，得到如图 1 所示的电子商务能力的理论模型。

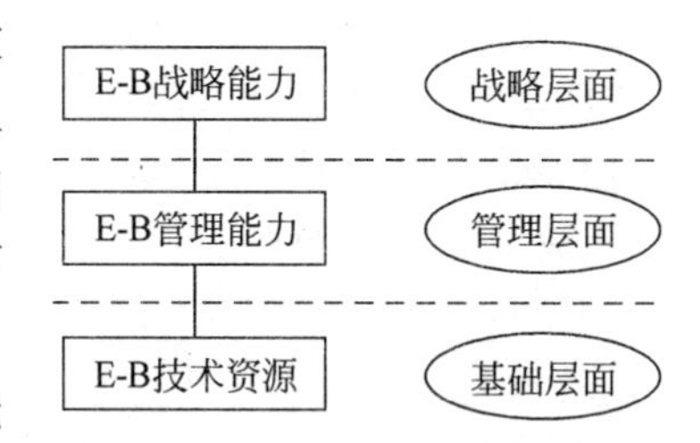


**图 1　电子商务能力理论模型(a)**

## 3.3　问卷调查

虽然在内容分析研究部分做了大量的保证研究结果的有效性和可靠性的工作，但是内容分析方法不可避免地会存在编码员个人主观因素的影响。因此，为了突破其局限性，研究采用实证分析的方法对所构建的理论模型进行了测量。以文献研究为基础的内容分析的研究成果是形成电子商务能力研究问卷的主要依据。

(1) 问卷设计和发放

依据内容分析法的研究结论，形成了电子商务能力的初始调查问卷。问卷分为两个部分，第一部分为背景资料的调查，包括企业及被试的基本信息；第二部分为对企业电子商务能力的测量，分为三个方面，即电子商务战略方面、电子商务技术方面、电子商务管理方面，总共 23 个问项。研究采用便利抽样，在河北工业大学在职 MBA 班和通过与往届 MBA 校友联系，发放问卷 160 份，回收问卷 72 份，回收率为 45%。其中，中小规模企业占 68.08%；从电子商务的性质看，属于传统企业应用电子商务的比例为 51.39%。

(2) 数据分析

通过对该问卷的 23 个问项进行项目分析，表明电子商务能力测量的 23 个问项得分与总分都达到 $p<0.01$ 显著水平，基于项目分析的结果初步判断各问项均应保留。信度检验结果表明三个维度的 Cronbach $\alpha$ 系数均大于 0.7(表 4)，小于 0.9，属于很可信的范畴。

**表 4　电子商务能力量表的内部一致性信度**

| 维　度 | Cronbach $\alpha$ 系数 |
|---|---|
| 电子商务战略能力 | 0.823 1 |
| 电子商务技术资源 | 0.739 3 |
| 电子商务管理能力 | 0.878 9 |

在各测量维度通过项目分析、信度检验的基础上进行了因子分析。首先，研究进行了样本适应性检验，三个维度下的各问项均大于0.7，并且Bartlett球体检验统计值均为0.000，小于0.01，说明三个方面的问项各自具有相关性，可以作因子分析，结果见表5。

**表5 电子商务能力的KMO测度和Bartlett球体检验结果**

| 检验项目 | | E-B战略能力 | E-B技术资源 | E-B管理能力 |
|---|---|---|---|---|
| Kaiser-Meyer-Olkin | | 0.716 | 0.726 | 0.781 |
| Bartlett's Test of Sphericity | Approx. Chi-Square | 63.355 | 63.355 | 259.726 |
| | Df | 10 | 10 | 78 |
| | Sig. | 0.000 | 0.000 | 0.000 |

本研究使用主成分分析法，以特征根大于1提取共同因子，再用方差极大法旋转，分别对电子商务战略能力、电子商务管理能力、电子商务技术资源分层面进行了因子分析。依据第一次因子分析结果，电子商务战略能力下MA7、MA9两个问项在转轴后的因子负荷表中出现了交叉负荷的现象，研究将该两个问项删除后再次进行了因子分析。第二次因子分析结果显示，MA2这一问项存在交叉负荷，将该问项删除后，得到的结果可解释的变异总量达到61.067%，大于60%的提取标准，各问项间也不存在交叉负荷。因子分析结果显示，电子商务战略能力的5个问项提取出了一个共同因子，电子商务管理能力的10个问项提取出了两个共同因子，电子商务技术资源的5个问项提取出了两个共同因子。三个维度因子分析的最终结果汇总如表6所示。

**表6 各层面因子分析负载汇总表**

| 问项 | Component | | 问项 | Component | |
|---|---|---|---|---|---|
| | 1 | 2 | | 1 | 2 |
| STR3 | 0.892 | | MA11 | 0.554 | 0.086 |
| STR5 | 0.863 | | MA3 | 0.027 | 0.912 |
| STR4 | 0.823 | | MA4 | 0.287 | 0.777 |
| STR2 | 0.698 | | MA6 | 0.360 | 0.777 |
| STR1 | 0.551 | | MA5 | 0.354 | 0.606 |
| MA1 | 0.772 | 0.193 | TE1 | 0.866 | 0.075 |
| MA12 | 0.771 | 0.153 | TE2 | 0.842 | 0.051 |
| MA13 | 0.688 | 0.289 | TE3 | 0.747 | 0.391 |
| MA8 | 0.668 | 0.365 | TE5 | −0.020 | 0.895 |
| MA10 | 0.642 | 0.273 | TE4 | 0.330 | 0.784 |

## 3.4 问卷调查的主要结论

由因子分析结果可以看到，电子商务战略能力的5个问项提取了一个共同因子，显示了此五者具有很好的相关性，各项指标满足心理测量学的要求，能够作为电子商务战略能力的观察变量。

电子商务管理能力的13个问项，在经过3次因子分析、删除3个问项之后，剩余的10个问项各方面都达到了心理测量学的要求。结果显示，提取出两个共同因子，仔细分析各个问项的内在含义，我们发现前者6个问项为与客户或供应商相关的企业外部的与电子商务相关的管理能力，后者4个问项反映的是企业内部与电子商务相关的管理能力，两个方面具有很好的区分度。因此，可以将电子商务管理能力分解为两个子维度，即企业内部和企业外部的电子商务管理能力，分别各由6个、4个问项测量。

电子商务技术资源的 5 个问项因子分析结果显示有两个共同因子，仔细分析几个问项含义，前者的测量问项包含在企业内部，即企业顺利开展电子商务对自身所需的电子商务技术资源，后者的两个问项包含在企业外部，即企业顺利开展电子商务与客户、供应商相关的技术支持，两个方面具有实际内涵。因此，可以将企业的电子商务技术资源分解为两个二级维度，即企业内部与企业外部，分别各由 3 个、2 个问项测量。

上述研究结论对内容分析法所得出的理论模型进行了很好的补充和完善，依据分析结果，得到如图 2 所示的最终的理论模型。

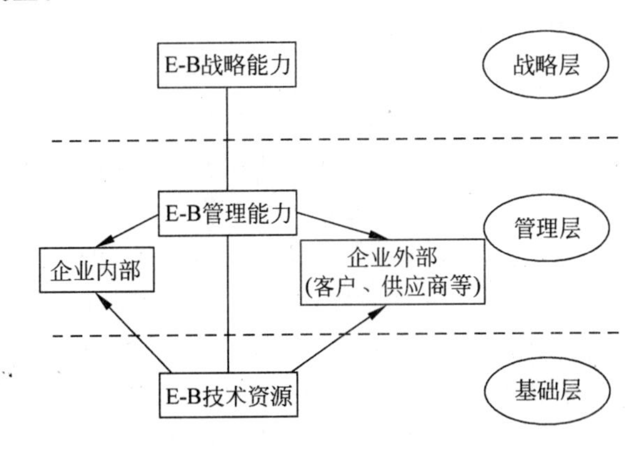


**图 2　电子商务能力理论模型(b)**

所得到的最终测量结构如表 7 所示。

**表 7　电子商务能力测量结构**

| E-B 能力的构成维度 | | 问题设计 | 变　量 |
|---|---|---|---|
| E-B 战略能力 | | 企业的电子商务战略是否有效地支持了企业战略 | STR3 |
| | | 企业是否具有清晰的电子商务战略规划 | STR5 |
| | | 企业是否具有清晰的电子商务发展目标 | STR4 |
| | | 企业高级管理层是否对电子商务很重视 | STR2 |
| | | 电子商务负责人在企业管理中的级别很高 | STR1 |
| E-B 管理能力 | 企业内部 | 企业是否调整了组织结构来支持电子商务 | MA3 |
| | | 企业是否很重视电子商务流程的规范或优化 | MA4 |
| | | 企业是否对电子商务进行了线上线下的整合经营 | MA6 |
| | | 企业是否很重视电子商务人才的培养和团队的建设 | MA5 |
| | 企业外部 | 企业在开展电子商务之前是否进行了调研工作 | MA1 |
| | | 企业是否重视产品质量或对供应商的资信认证 | MA12 |
| | | 企业是否通过电子商务平台实现与合作伙伴的优势互补 | MA13 |
| | | 企业是否重视培养客户/供应商利用电子商务的习惯 | MA8 |
| | | 企业是否重视丰富电子商务功能来提升客户/供应商体验 | MA10 |
| | | 企业是否提供了网络特色或线上线下差异化产品 | MA11 |
| E-B 技术资源 | 企业内部 | 企业是否支持电子商务平台的建设或维护 | TE1 |
| | | 企业是否支持电子商务系统与原有系统整合 | TE2 |
| | | 企业网络/电子商务系统是否具有可扩展性 | TE3 |
| | 企业外部 | 企业是否为物流的便捷服务提供了信息技术支持 | TE5 |
| | | 企业是否支持买卖双方轻松、安全地完成在线交易 | TE4 |

# 4 研究结果与讨论

## 4.1 主要研究结论

根据详细的文献研究和实证研究,我们认为电子商务能力是企业根据内外部环境的变化,调用、部署和集成与电子商务有关资源的能力,体现了企业通过对电子商务的合理运营和管理以获取商业价值的能力。其中,企业能够根据内外部环境的变化,不断地整合与电子商务有关资源的能力,体现了企业能力理论中动态性的观点,调用、部署和集成电子商务资源的能力体现了以资源为基础的企业能力的观点。

研究将电子商务能力解构成三个一级维度,分别为电子商务战略能力、电子商务管理能力、电子商务技术资源。其中,电子商务管理能力分解为企业内部的和企业外部的电子商务管理能力,电子商务技术资源分解为企业内部的和企业外部的电子商务技术资源。作为电子商务能力关键构成维度的电子商务战略能力、电子商务管理能力和电子商务技术资源,三者共同决定了企业电子商务能力的建立、培育和保持。企业需对这三个方面加以重视,不断修改和完善,最终才能获得电子商务能力,从而有助于通过电子商务的综合应用获取竞争优势。本研究所产生的对企业电子商务能力的测量无疑会对今后进一步实证研究电子商务能力对企业绩效的影响等方面的问题奠定基础或是提供参考价值。

## 4.2 与以往研究的比较

首先,研究结果证实了信息技术能力理论无法解释电子商务投资产生的差异这一假设。通过对本研究结果和大部分学者对IT能力构成的研究成果进行对比,发现信息技术能力主要关注企业信息系统的构建和对原有业务的信息技术支持,而电子商务不仅根植于企业核心业务流程、扩展基本产品和服务,而且还可以通过信息技术实现与客户和供应商的直接整合,这就从根本上导致了信息技术能力和电子商务能力构成维度划分的侧重点不同,后者在关注信息技术应用能力的同时,更加侧重与供应商和客户相关的商务活动的能力。在我们搜集的电子商务企业高层领导的访谈资料中,京东商城总裁也这样说过:“不要被互联网迷糊了双眼,抓住商业的本质才是最有效的”、“对于电子商务这个市场,‘商务’部分才是核心,‘电子’只是手段和工具”。

其次,本研究表明,电子商务能力不应仅仅只体现在对于企业网站内容和后端支持的控制和影响方面,而应体现出电子商务与企业战略、组织结构、业务流程等相辅相成、共同发展的系统性、整体性特点。如果只是将电子商务能力分为信息、交易、定制和后端集成四个维度(如在电子商务能力研究领域中影响较大的Zhu K.团队成果,其构成变量的得出主要是基于对网站特性的分析),那么将只关注基于e-commerce下所体现的电子商务能力内涵,即在网络展示和交易过程中与客户、供应商相关的电子商务职能能力。而根据著名电子商务学者Kalakota和Robinson[17]的定义,电子商务将通过与企业业务流程、应用系统结构的复杂融合,形成高效的企业经营模式。在这一认知前提下,电子商务不仅仅是一种网络交易模式,更多地将体现在其对整个企业战略、组织结构、业务流程、企业文化等传统组织行为方式的整合和改变上。唯有这种整合和改变,才能确保电子商务投资不会流于形式,才能确保电子商务的成功应用。例如,前文中慧聪和京东商城的负责人关于业务流程和组织结构在电子商务应用前提下进行优化调整的介绍,突出表明了这种组织行为方式整合改变的重要性。

最后,本研究突出了电子商务能力的动态性。企业的电子商务能力不应是一种在已有的架构好的电子商务平台上运作时所具有的相关能力的概念,即不应只关注企业如何在e就绪的基础上怎样更切实地开展电子商务,而应该是一种能够体现整体统筹规划,并随着内外部环境变化而不断调整相应的电子商务活动的相关能力的概念。前者反映出相关研究人员对企业电子商务运作的静态认知理念。实际上,企业的电子商务应用是动态发展变化的,其初始构建的电子商务平台不仅其内容、结构随着企业的发展、内外部环境的变化而变化,甚至电子商务模式也可能随之而变。那么,必将要求企业具备能够调整其与电子商务相关的活动内容和结构的能力。即便是像在传统环境下已经非常成功的李宁,在做电子商务时不仅前期做了大量的战略规划工作,而且随着对内外部环境的深入认知,也及时对规划进行了调整。这表明,这种规划的能力、调整的能力对于进行电子商务应用的企业来说是非常必要的。

因此,我们认为,由电子商务战略能力、电子商务技术资源、电子商务管理能力构成的电子商务能力具有对环境的调整和适应能力,能通过战略、管理、技术资源的整合和利用来达到与内外部环境相匹配的目的。这种观点既体现了电子商务的系统性和集成性的特点,又体现了其随内外部环境变化的动态特征。

# 5 研究贡献及进一步研究

## 5.1 主要贡献

本文以企业动态能力理论与以往文献为基础,基于我国电子商务应用实践,利用内容分析方法构建了电子商务能力构成维度的概念模型及相应的测量问项,并采用问卷调查的方式通过数据收集、项目分析、信度分析、因子分析等实证测量方法对模型进行了补充和完善,为开发标准化的企业级电子商务能力测量量表提供了理论和数据支持,有利于电子商务相关领域的研究和实践指导。

## 5.2 局限

(1) 本次探索性研究并不是抽样研究,无法保证结论具有足够的代表性。由于只是对公开范围内搜集到的有关资料进行了研究,肯定还有一些典型案例资料未被搜索到,所以这就限制了本次内容分析法的效度,影响了内容分析法结论的代表性。研究期待更多内容分析数据资料的验证。

(2) 本文的实证分析不是真正意义上的大样本研究。虽然样本已经包含了不同电子商务模式下具有代表性的数据,但在选取样本上采取的是便利抽样,而不是随机抽样,未来的研究采取随机抽样方式将能使样本的代表性更强。另外,由于样本量的限制,本次最主要的实证研究是分层面的因子分析,无法进行测量模型的验证性研究,这也是后续研究需要完善的地方。

## 5.3 进一步研究方向

本文只是有关电子商务能力概念及构成维度的初步探索,只是分析电子商务能力与企业绩效关系的基础工作,下一步需要对电子商务能力与企业绩效之间的关系进行实证研究。一方面,检验我们所提出的电子商务能力维度构成模型的正确性;另一方面,回答电子商务能力与企业绩效之间的作用关系。实际上,电子商务能力对企业绩效的影响机制的研究成果极为罕见。因此,有必要对此进行长期、深入的探索。

# 参考文献

[1] Mahmood M A, Kohli R, Devaraj S. Special section: measuring business value of information technology in e-business environment [J]. Journal of Management Information System, Summer, 2004, 21(1): 11-16.

[2] Zhu K, Kraemer K L. Post-adoption variations in usage and value of e-business by organizations: Cross-country evidence from the retail industry [J]. Information Systems Research, 2005, 16(1): 61-84.

[3] Pu Liu, Yunfeng Wang, Na Cai. The implication of IT capability research to e-business capability [C]. The Eighth Wuhan International Conference on e-Business, Wuhan, China, 2009, May 30-31.

[4] Straub D W, Klein R. E-competitive transformations [J]. Business Horizons, 2001, 44(3): 3-12.

[5] 曾庆丰. 企业电子商务转型研究：基于能力的视角[D]. 复旦大学博士学位论文，2005.

[6] Teece D J. Explicating dynamic capabilities: The nature and microfoundations of (sustainable) enterprise performance [J]. Strategic Management Journal, 2007, 28(13): 1319-1350.

[7] Teece D J, Pisano G, Shuen A. Dynamic capabilities and strategic management [J]. Strategic Management Journal, 1997, 18(7): 509-533.

[8] Chuang M L, Shaw W H. A roadmap for successful e-business[C]. IEMC 2001 Proceedings, 2001: 388-393.

[9] Zhu K, Kraemer K L. E-commerce metrics for net-enhanced organizations: Assessing the value of e-commerce to firm performance in the manufacturing sector [J]. Information Systems Research, 2002, 13(3): 275-295.

[10] Zhu K. The complementarity of information technology infrastructure and e-commerce capability: A resource-based assessment of their business value [J]. Journal of Management Information Systems, 2004, 21 (1): 167-202.

[11] Chu Jan Tow Lawrence. Building and sustaining the sources of competitive advantage in e-commerce capability [D]. University of South Australia, 2004.

[12] 吕兰，赵晶. 基于电子商务能力的电子采购流程绩效实证研究. 中国地质大学学报(社会科学版)，2008，8(6)：98-101.

[13] 朱镇，赵晶. 现代服务企业e就绪对电子商务能力的影响：基于企业资源观的实证研究. 信息系统学报，2009，3(1)：34-47.

[14] 谷文辉，赵晶. 制造企业IT资源与电子商务能力关联效应的实证研究. 管理评论，2009，21(09)：62-71，113.

[15] Soto-Acosta P, Meroño-Cerdan A L. Analyzing e-business value creation from a resource-based perspective [J]. International Journal of Information Management, 2008, 28(1): 49-60.

[16] Wu Jinnan, Zhong WeiJun. Application capability of e-business and enterprise competitiveness: A case study of the iron and steel industry in China. Technology in Society, 2009, 31: 198-206.

[17] Kalakota R, Robinson M. E-business 2. 0: Roadmap for success (2nd Edition) (Addison-Wesley Information Technology Series), 2000, 4-5. http://www. amazon. com/ gp/reader/0201721651.

[18] Hafeez K, Keoy K H, Hanneman R. E-business capabilities model Validation and comparison between adopter and non-adopter of e-business companies in UK[J]. Journal of Manufacturing Technology Management, 2006 (17): 806-828.

[19] Raymond L, Bergeron F. Enabling the business strategy of SMEs through e-business capabilities: A strategic alignment perspective[J]. Industrial Management & Data Systems, 2008, 108(5): 577-595.

[20] 周长辉. 二手数据在组织管理学研究中的使用. 组织与管理研究的实证方法(第九章)[M]. 陈晓萍，徐淑英，樊景立. 北京：北京大学出版社，2008.

[21] Nancy L K, Nancy S W, Daniel R A. Content analysis: Review of methods and their applications in nutrition education [J]. Journal of Nutrition Education and Behavior Volume. 2002, 34(4): 224-230.

[22] Lee J H, Kim Y G. A stage model of organizational knowledge management: A latent content analysis [J]. Expert Systems with Application, 2001, 20: 299-311.

[23] Kassarjian H H. Content analysis in consumer research [J]. Journal of consumer research, 1977, 4(6): 8-18.

[24] Santhanam R, Hartono E. Issues in linking information technology capability to firm performance [J]. MIS Quarterly, 2003, 27(1): 125-153.

# Research of E-business Capability Measurement Model: Based on Dynamic Capabilities View

LIU Pu, CAI Na, WANG Yunfeng

(School of Management, Hebei University of Technology, Tianjin, 300130)

**Abstract** The purpose of this study is to explore the meaning and dimensions of E-business capability. Based on the dynamic capabilities view and literature review, this paper proposes conceptual model and builds a measurement questionnaire in the context of the application of e-business in china. From descriptive statistical analysis, item analysis, and factor analysis on 72 data, we complement and improve the former theoretical model. We decompose E-business capability to three key dimensions, namely E-business strategy capability, E-business managerial skills and E-business technology resources. Compared with other researches, this concept model reflects the systematic and integrated characteristics of e-business as well as its mobility feature changed with inner and outer circumstances. Our research will help organizations to identify and obtain sustained competitive advantage through e-business application.

**Key words** E-business capability, Dynamic capabilities view, Content analysis

## 作者简介

刘璞，副教授，博士，2007 年毕业于河北工业大学管理科学与工程专业，主要研究方向包括市场营销、电子商务。发表论文 20 篇，其中 EI 检索 5 篇，2 篇中文论文被中国人民大学复印报刊资料全文转载。E-mail：epu@sina. com。

蔡娜，硕士研究生，2010 年毕业于河北工业大学管理科学与工程专业，研究方向为电子商务。现任河北青年管理干部学院信息技术系教师。E-mail：caina0717@126. com。

王云峰，教授，博士生导师，河北工业大学管理学院院长，主要研究方向包括集成化管理与信息系统、领导力。曾在《管理世界》、《管理科学学报》、《管理工程学报》等重要学术期刊发表论文 20 余篇，出版著作《大众化定制与管理变革》、《现代营销管理》等 5 部。E-mail：wyf-hebut@163. com。

# 考虑动态环境的信息技术增强企业竞争力的机理研究*

仲伟俊[1] 王念新[2] 梅姝娥[1]
(1. 东南大学经济管理学院，南京 210096；
2. 江苏科技大学经济管理学院，镇江 212003)

**摘 要** 基于不同企业信息技术应用效果差异巨大的现实，提出了信息技术应用能力的概念，构建了信息技术资源、信息技术应用能力、信息系统支持企业战略和企业绩效之间的理论模型。应用基于偏最小二乘法的结构方程模型，对我国296家企业的问卷调查数据进行分析。研究结果表明，信息技术应用能力通过支持企业战略，间接影响企业绩效，信息技术应用能力又依赖于信息技术资源，环境动态性在信息技术增强企业竞争力过程中有显著的调节作用。

**关键词** 信息技术资源，信息技术应用能力，竞争战略，动态环境，企业竞争力
**中图分类号** F270

## 1 引言

在竞争日益激烈和复杂多变的市场环境下，越来越多的企业应用信息技术来降低产品/服务成本、提高运作效率、改善管理与决策、增强竞争力[1]。然而，比较企业之间应用信息技术的成效却发现其差距巨大。企业应用信息技术成效的差异可以利用许多理论解释，如竞争战略理论、经济学理论、企业资源观等。近年来，学者们对信息技术应用效果差异的探索逐渐转向企业内部，企业资源观已经成为研究信息技术与企业竞争力的主要理论之一[2]。根据企业资源观，信息技术应用成效的差异是因为信息技术应用过程中，企业将信息技术投入转化成期望产出的能力是不同的，即信息技术应用能力是决定企业信息技术应用效果的关键因素。

在过去的二十多年中，如何应用信息技术增强企业竞争力一直是信息系统学界关注的十大热点问题之一[3,4]。尽管学者们对信息技术与企业绩效的关系进行了大量的理论、实证和案例研究[5]，但是这些研究更加强调信息技术与企业绩效之间的相互关系，信息技术增强企业竞争力机理的研究还不多见，考虑动态环境影响的信息技术增强企业竞争力机理的实证研究则更少。本文的研究目的是明确信息技术资源、信息技术应用能力、企业战略和企业绩效之间的关系，探索信息技术增强企业竞争力的机理，并明确环境动态性在信息技术增强企业竞争力过程中的作用。研究的最终目的旨在提高企业信息技术应用的水平和效果，加速推进我国企业的信息化进程。

通过对企业信息技术应用效果差距巨大的现实问题和相关研究文献回顾，提出研究问题，通过严密的逻辑分析，构建了本文的理论模型。该模型假设企业的信息技术资源影响信息技术应用能力，企

* 基金项目：国家自然科学基金(70671024)，教育部人文社会科学研究青年项目(10YJC630242)，高等学校博士学科点专项科研基金(20070286008)，江苏省教育厅高校哲学社会科学研究基金(2010SJB630020)。

通信作者：仲伟俊，东南大学经济管理学院，教授，博士生导师，E-mail：zhongweijun@seu.edu.cn。

业信息技术应用能力通过支持企业战略来间接影响企业绩效，而环境动态性在信息技术增强企业竞争力的过程中起调节作用。为验证本文提出的理论模型和假设，本文对全国1 000家企业进行了问卷调查，共回收有效问卷296份，应用基于偏最小二乘(partial least squares，PLS)结构方程模型(structural equation model，SEM)对调查数据进行了路径分析和假设检验，验证和补充了前人的理论，并得到了一些新的结论和发现。

# 2 理论模型及假设

## 2.1 信息技术资源

资源是由企业拥有或者控制的，可用来构建和实施战略的物理资本、人力资本和组织资本[6]，能力与资源是不同的，能力具有过程性和动态性等特征，它是使用资源完成任务或活动的能力[7]。动态能力理论明确地提出了资源和能力的因果关系，即企业的资产地位将影响能力的开发[8,9]，Teece等认为嵌入在组织过程中的能力拥有帮助企业创造竞争优势的潜力，然而企业的能力受到企业拥有的资产和企业采用的演化路径的影响，因此能力受到企业资产地位的影响[9]。同样，信息技术资源与企业的信息技术应用能力正相关。

信息技术资源是基于资源观研究信息技术与企业竞争力关系的研究中的核心概念之一，按照Bharadwaj[10]、Wade和Hulland[2]、Melvill等[11]的分类框架，信息技术资源包括IT基础设施、IT技术资源、IT管理资源和关系资源。在这四类信息技术资源中，IT基础设施属于有形IT资源，其他三类均属于无形IT资源。无论是有形IT资源还是无形IT资源，在信息技术应用能力的开发和培育过程中均起着积极的作用。因为信息技术应用是一个技术密集型和知识密集型过程，在这个过程中既有许多技术难题也有很多管理问题需要克服，这就需要企业的信息技术应用人员具备相应的技术技能和管理技能，因此企业的IT技术资源和IT管理资源均与企业的信息技术应用能力正相关。另外，信息技术应用过程中涉及企业的诸多利益主体，包括高层管理、业务部门、信息技术部门、外部顾问和软件供应商等，解决信息技术应用过程中出现的各种技术和管理问题在很大程度上依赖于各利益相关者之间的关系，因此关系资源也与信息技术应用能力正相关。由此，本文提出如下假设：

假设1：信息技术资源与信息技术应用能力正相关。

## 2.2 信息技术应用能力

信息技术应用能力是企业信息技术应用过程中完成具体任务的能力，是企业信息技术应用成功的保证。从信息系统的生命周期看，信息技术应用能力是完成信息系统战略规划、信息系统开发、信息系统运行与维护、信息系统更新等阶段的具体任务的能力；从资源需求及其应用的角度看，信息技术应用能力包括技术获取能力、人力资源开发能力、组织管理能力、信息技术与企业业务集成能力；从能力的类型看，企业的信息技术应用能力包括信息技术应用过程中的战略、组织、管理和技术能力。所以，信息技术应用能力是企业信息技术应用全过程、全方位的战略、组织、管理和技术能力。

从供给和需求的角度看，信息技术应用过程是在信息技术战略指导下，通过信息系统的开发实现业务部门的信息技术需求和IT部门的信息技术供给之间的动态匹配过程，因此本文将信息技术应用能力分为信息技术战略能力、信息技术供给能力、信息技术利用能力和信息系统实现能力等四类子能力。

信息技术战略能力是信息技术战略规划，实现信息技术战略和企业战略之间匹配的能力，包括识别和评估信息技术应用可能带来的竞争优势机遇、定义信息技术在企业中的角色、实现 IT 与业务匹配以及制定信息技术投资优先级等能力。信息系统领域的研究表明，信息技术战略和企业战略的匹配可以显著改善企业绩效[12-17]，而信息技术战略和企业战略匹配的实现要求企业具备信息技术战略能力，因此信息技术战略能力正向影响信息系统支持企业战略。

信息技术供应能力是持续地开发和维护信息、技术与信息系统等资源供应资源的能力。在当前的市场环境下，企业战略的实施和实现越来越依赖于信息技术的应用，信息技术在企业中的战略角色[18-20]已经被学术界和实践界所认可。在企业战略实施的过程中要求信息系统的稳定运行，这就要求企业的信息技术部门具有信息技术供应能力，因此信息技术供应能力正向影响信息系统支持企业战略。

信息技术利用能力是企业业务部门明确 IS 功能、了解什么时候使用 IS 功能，并且有效使用 IS 功能的能力。业务部门是企业战略的具体实施者，业务部门的信息技术利用能力很大程度上决定了企业战略的实现。如 Pavlou 和 El Sawy[21] 的研究表明，企业的业务部门对信息系统功能的有效使用，即使是一般的功能，也能够帮助企业赢得竞争优势。因此，信息技术利用能力正向影响信息系统支持企业战略。

信息系统实现能力是企业购买或开发并顺利满足业务需求的信息系统的能力。信息系统可以帮助企业提高运作效率、改善管理和决策、增强企业竞争力等，企业战略的最终实现依赖于相应的信息系统，如 Wal-Mart 库存管理系统，能够使企业迅速掌握销售情况和市场需求趋势，及时补充库存不足。这样就可以减少存货风险、降低资金积压的额度，加速资金运转速度，从而很好地支持了 Wal-Mart 低成本战略的实现。因此，信息系统实现能力正向影响信息系统支持企业战略。

综上所述，本文提出如下假设：

假设 2：信息技术应用能力与信息系统支持企业战略正相关。

## 2.3 信息系统支持企业战略

企业战略，又称为企业经营战略或经营战略，是对企业长远发展的全局性谋划，它是由企业的愿景和使命、环境政策、长期目标和短期目标及确定实现目标的策略而组成的总体概念。Porter 认为，企业获取竞争优势的基本竞争战略有三种，分别是低成本战略、差异化战略和目标集中战略，其中目标集中战略是基于某一特定的购买者集团、产品线的某一部分或某一地域市场上的综合运用低成本及差异化战略的一种战略，因此最基本的战略是低成本战略和差异化战略，而差异化战略又可以分为创新差异化战略和市场差异化战略。

企业战略的实现可以显著增强企业绩效。如前所述，信息技术战略与企业战略的匹配能够确保实现企业战略，显著改善企业绩效。Chan 等[12]、Levy 等[22]、Croteau 和 Bergeron[23] 强调 IS 与外部环境的匹配，他们的研究结论均表明，实现信息技术战略和业务战略匹配的企业的绩效明显好于信息技术战略与业务战略不匹配的企业，因为信息技术战略与业务战略之间的匹配可以保证企业将信息技术资源分配到具有战略重要性的系统开发上。Sauer 和 Yetton[24]、Boonstra 等[25] 强调内部匹配，他们认为信息技术投资的产出取决于在业务过程、员工和企业文化等领域信息技术战略支持业务战略的程度；Sabherwal 等通过案例研究表明信息系统战略和组织战略匹配能够导致卓越的企业绩效[26]；另外，我国学者杨青、黄丽华等也得出了相同的结论[16]。基于上述信息系统支持企业战略和企业绩效关系的分析，本文提出如下假设：

假设 3：信息系统支持企业战略与企业绩效正相关。

## 2.4 环境动态性

随着经济全球化进程加快，顾客需求的日益多样化和个性化，技术创新和技术扩散的速度加快，企业生存的市场环境正在发生着深刻的变化,企业面临的竞争也空前激烈。信息系统学界已经开始关注外部环境对信息技术与企业竞争力关系的影响,如 Im 等[27]通过事件研究方法检验了 IT 投资相关的公告对企业市场价值的影响,研究结果表明,不同行业的这种影响存在显著差异,Chiasson 和 Davidson[28]建议将行业环境作为信息系统研究过程中的重要情境变量。原有的相关的实证研究很少考虑环境动态性对信息技术增强企业竞争力的影响,本文将环境动态性作为独立的研究变量,考察动态环境对信息技术增强企业竞争力过程的影响。

环境动态性是由于客户偏好、新产品开发、新技术以及市场竞争的变化而带来的环境的不稳定性或者变化。环境动态性主要表现在两个方面:第一,市场动态性使得市场需求、客户偏好以及竞争对手的战略难以预测;第二,技术动态性代表了信息技术的突破带来的不确定性以及对企业战略的潜在影响,这些都将影响信息技术增强企业竞争力。

环境动态性调解信息技术应用能力和信息系统支持企业战略之间的关系。在相对稳定的环境下,企业主要通过战略信息系统等信息技术资源实现对企业战略的支持,帮助企业赢得竞争优势,企业信息技术应用的重点在于需求信息技术应用的战略机遇,而不是如何培育和开发信息技术应用能力。因为信息技术应用能力的培育和开发需要丰富的信息技术资源和巨大的投入,且需要花费较长的时间,而在相对稳定的环境下,信息技术应用能力的柔性又很难体现出价值。在动态环境下,消费者需求偏好、技术进步、竞争对手行为的动态性迫使企业不得不对自身的业务战略或者竞争战略做出调整,环境动态性越大,企业战略调整的频率就越大,这就要求支持企业战略实现的信息系统做出相应调整,而只有信息技术资源是不够的,企业必须有能力实现信息技术战略与业务战略的动态匹配,实现信息系统对企业战略的持续支持,这就要求企业拥有信息技术应用能力。因此,本文提出如下假设:

假设 4:环境动态性正向调节 IT 应用能力与 IS 支持企业战略之间的关系。

环境动态性同样调节信息系统支持企业战略和企业绩效之间的关系。在技术、客户或竞争环境高度不确定性的条件下,企业必须能够适应环境变化,选择那些对市场敏感并响应变化的关注企业运营外部环境的企业战略,而信息系统能够有效支持企业实现这种动态的企业战略[29]。一些学者认为,正式的、综合性的信息系统战略成本高且缺乏柔性,环境的变化可能导致该类信息系统战略在实施之前已经失效[30],企业内外部条件的变化可能导致信息系统战略和企业战略的不匹配,从而降低企业绩效。更多的学者认为,在动态环境中,企业更需要正式的、综合性的信息系统战略,帮助企业选择最合适的信息系统并成功管理这些信息系统的实施。案例研究[31]和实证研究[32,33]均表明,动态环境下信息系统支持企业战略在帮助改善运作效率和效能、企业战略的实施和实现以及增强企业竞争力方面具有重要作用。由此,本文提出如下假设:

假设 5:环境动态性正向调节 IS 支持企业战略与企业绩效之间的关系。

基于上述分析,构建出本文的理论模型,如图 1 所示。

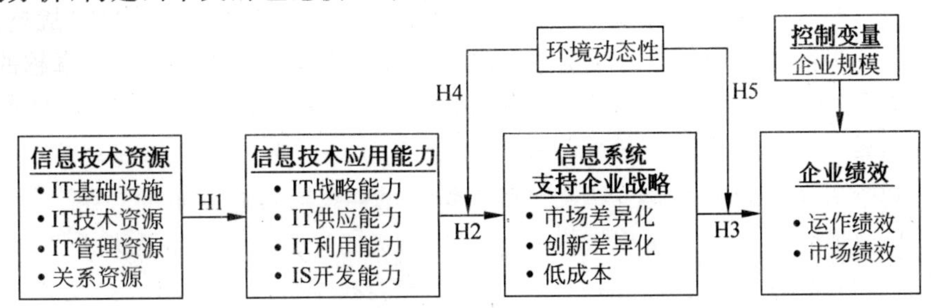


**图 1 信息技术增强企业竞争力的理论模型**

# 3 研究方法

## 3.1 问卷设计及测量工具

本文对理论模型中所涉及的4个二阶潜变量和14个一阶潜变量都使用了包含多个测量项的量表。为保证量表的科学性和权威性，本研究对于调查问卷中每一个变量的测量指标都尽可能地从前人的研究中取得或经过修改而得到，如表1所示。除了有关企业的基本情况和填表人资料的问题外，其他问题都采用李克特(Likert)7点式量表，其中，1表示强烈不同意，2表示不同意，3表示有点不同意，4表示不同意也不反对，5表示有点同意，6表示同意，7表示强烈同意。为了保证研究的有效性，提高量表的信度和效度，将初始问卷在55家企业中进行了小规模的前测，应用SPSS统计分析软件进行了量表分析，根据分项对总项(item-to-total)和Cronbach's $\alpha$ 两个指标删除了部分测量项目，同时根据反馈意见对表达不准确的问题进行了重新设计和修正，形成了最终的量表。

表1 各变量类型及测量项数目

| 编码 | 变　量 | 测量模型类型 | 量表来源 |
|---|---|---|---|
| IT_Res | 信息技术资源 | 二阶构成性潜变量 | |
| Infr | 信息技术基础设施 | 一阶反映型潜变量 | Bharadwaj[10] |
| Tech | 信息技术相关的技术资源 | 一阶反映型潜变量 | Wade 和 Hulland[2] |
| Mana | 信息技术相关的管理技能 | 一阶反映型潜变量 | Melvill,Kraemer 和 Gurbaxani[11] |
| Rela | 关系资源 | 一阶反映型潜变量 | Karimi,Somers 和 Bhattacherjee[36] |
| ACIT | 信息技术应用能力 | 二阶构成性潜变量 | |
| Stra | 信息技术战略能力 | 一阶反映型潜变量 | Peppard 和 Ward[37] |
| Supp | 信息技术供应能力 | 一阶反映型潜变量 | Willcocks,Feeny 和 Olson[38] |
| Leve | 信息技术利用能力 | 一阶反映型潜变量 | Pavlou 和 El Sawy[21] |
| Deve | 信息系统实现能力 | 一阶反映型潜变量 | 本文编制 |
| Sup_Stra | 信息系统支持企业战略 | 二阶构成型潜变量 | |
| Inno | 信息系统支持创新差异化战略 | 一阶反映型潜变量 | Spanos 和 Lioukas[39] |
| Mark | 信息系统支持市场差异化战略 | 一阶反映型潜变量 | 本文编制 |
| Cost | 信息系统支持低成本战略 | 一阶反映型潜变量 | |
| Perf | 企业绩效 | 二阶构成型潜变量 | |
| Oper | 运作绩效 | 一阶反映型潜变量 | Radhakrishnan,Zu 和 Grover[40] |
| M_oper | 市场绩效 | 一阶反映型潜变量 | Oh 和 Pinsonneault[15] |
| 调节变量 | | | |
| Dyna | 环境动态性 | 一阶反映型潜变量 | Newkirk 和 Lederer[32] |
| 控制变量 | | | |
| Scale | 企业规模-员工数量 | 显变量 | |

测量模型的类型和样本的数量是选择数据分析方法和工具的重要因素，因此首先需要明确研究变量的测量模型的类型。因为从潜变量与观测变量之间的关系看，测量模型可以分为反映型(reflective)和构成型(formative)两类，两类测量模型在潜变量与观测变量的层次、潜变量与观测变量的因果关系、观测变量的相关性、观测变量的可删除性、误差方差的构成等方面均是不同的，而且测量模型的误设有可能会导致无效的结论[34,35]。如表1所示，信息技术资源、信息技术应用能力、信息系统支持企业战略和企业绩效等二阶潜变量均为构成型测量模型，而14个一阶潜变量则为反映型测量模型。

### 3.2 研究样本

信息技术应用能力是企业在不断的信息技术应用过程中培育和开发出来的，因此本文以信息技术应用基础较好的企业为问卷调查对象，通过现场发放、电子邮件、邮寄等多种方式，共计发放问卷1 000份，回收问卷323份，问卷回收率为32.3%，剔除填写不全以及所有问题答案一样的问卷共37份，得到有效问卷296份，有效问卷回收率为29.6%。样本企业涉及全国21个省、自治区和直辖市，分布在13类不同的行业。从问卷填写者来看，企业的高层领导，包括董事长、总经理、副总经理、总工程师等占62.5%，他们对企业的整体情况和信息技术应用状况都比较熟悉，这保证了调查数据的有效性和可信性。

### 3.3 数据分析方法选择

近年来，结构方程模型(structural equation model，SEM)越来越多地被学者用于实证数据的分析[41]。目前，至少有两类基于不同估计方法的结构方程模型软件：一类是基于最大似然估计(maximum likelihood，ML)的协方差分析的软件，如LISREL、AMOS和EQS等；另一类是基于偏最小二乘法(partial least squares，PLS)的方差分析的软件，如PLS-Graph、SmartPLS、LVPLS、PLS-GUI和SPAD-PLS等。相比基于ML的SEM，基于PLS的SEM具有更强的解释和预测能力，对样本数据分布和样本规模没有严格要求，且能够直接处理构成型测量模型[42]。由于本研究包含构成性潜变量以及调查获得的样本量偏少，因此本文合理地选择PLS-Graph 3.0评价理论模型并考察各个潜变量之间的关系。

## 4 数据分析与结果

### 4.1 测量模型评价

根据实证研究的数据分析方法，在结构模型分析之前，首先要对研究模型中涉及各潜变量的测量模型进行评价，以确保其研究结论的可靠、可信和有效。这种科学性检验称作信度检验和效度检验。

#### 4.1.1 信度

信度是指测量模型的一致性和稳定性。本文利用组合信度(composite reliability)和Cronbach's $\alpha$的两个指标，并认为只有当上述两个指标大于或者等于0.7时，测量模型才有好的信度。如表2所示，研究中除了信息技术基础设施的组合信度和Cronbach's $\alpha$分别为0.684和0.687，略小于0.7外，其余潜变量的组合信度和Cronbach's $\alpha$值均大于0.7，说明各潜变量的测量模型具有较好的信度。

#### 4.1.2 效度

效度是指问卷调查结果的有效性，即测量项目是否真是测量研究者所要测量的东西，包括内容效度(content validity)、聚合效度(convergent validity)以及辨别效度(discriminant validity)。

内容效度是指衡量调查问卷的内容是否反映出切合研究主题的程度。目的是系统地检查测量内容的适当性。本文所有变量的测量项大部分来自于原有的研究，其余测量项也多次和信息系统研究学者以及企业信息系统经理多次讨论，因此可以说测量项的内容效度较好。

聚合效度是指相同变量的问卷项目测量结果之间的高度相关性。判断收敛效度的标准是观测变量的因子负荷大于 0.5，且达到 0.05 的显著性水平，本研究中各观测变量的因子负荷都大于 0.5，且达到了 0.05 的显著性水平，满足了聚合效度的要求

辨别效度是通过潜变量的平均提取方差（average variance extracted，AVE）来检验的。表 2 列出了各潜变量之间的相关系数以及 AVE 值的平方根，可见每个潜变量的 AVE 值的平方根均大于各成对潜变量间相关系数，符合辨别效度要求。

**表 2　变量的信度、相关系数及 AVE 矩阵**

| | α | CR | infr | tech | mana | rela | strat | supp | leve | deve | inno | mark | cost | oper | m_per |
|---|---|---|---|---|---|---|---|---|---|---|---|---|---|---|---|
| infr | 0.684 | 0.687 | 0.764 | | | | | | | | | | | | |
| tech | 0.908 | 0.751 | −0.038 | 0.740 | | | | | | | | | | | |
| mana | 0.894 | 0.782 | −0.078 | 0.316 | 0.796 | | | | | | | | | | |
| rela | 0.854 | 0.896 | −0.114 | 0.187 | 0.63 | 0.776 | | | | | | | | | |
| stra | 0.862 | 0.876 | −0.109 | 0.204 | 0.635 | 0.681 | 0.806 | | | | | | | | |
| supp | 0.909 | 0.928 | −0.057 | 0.214 | 0.677 | 0.708 | 0.786 | 0.799 | | | | | | | |
| leve | 0.928 | 0.941 | −0.067 | 0.243 | 0.674 | 0.649 | 0.700 | 0.757 | 0.816 | | | | | | |
| deve | 0.927 | 0.941 | −0.096 | 0.225 | 0.677 | 0.667 | 0.711 | 0.742 | 0.732 | 0.815 | | | | | |
| inno | 0.744 | 0.855 | −0.084 | 0.161 | 0.53 | 0.578 | 0.59 | 0.63 | 0.663 | 0.642 | 0.807 | | | | |
| mark | 0.717 | 0.848 | −0.073 | 0.181 | 0.464 | 0.479 | 0.523 | 0.509 | 0.548 | 0.505 | 0.713 | 0.886 | | | |
| cost | 0.732 | 0.847 | −0.102 | 0.064 | 0.097 | 0.126 | 0.132 | 0.151 | 0.146 | 0.168 | 0.094 | 0.066 | 0.982 | | |
| oper | 0.886 | 0.922 | −0.018 | 0.166 | −0.047 | −0.084 | −0.078 | −0.083 | −0.057 | −0.038 | 0.003 | 0.018 | 0.161 | 0.930 | |
| m_per | 0.922 | 0.867 | −0.042 | 0.163 | 0.143 | 0.09 | 0.166 | 0.151 | 0.135 | 0.134 | 0.147 | 0.112 | 0.189 | 0.119 | 0.926 |

注：α 表示 Cronbach's α 值，CR 表示组合信度，矩阵对角线上的值为 AVE 的平方根。

## 4.2　结构模型分析

### 4.2.1　模型解释力评价

在路径系数检验之前，评价了模型的解释力。模型的解释力是通过复相关平方值（$R^2$）来检验的，它表明了对结构方程模型中内生潜变量的方差解释程度。如图 2 所示模型中对企业绩效的综合影响 $R^2$ 达到了 0.428，解释了 42.8%的企业绩效方差；外生潜变量对信息系统支持企业战略的综合影响 $R^2$ 为 0.512，解释了 51.1%的信息系统支持企业战略的方差；信息技术资源对信息技术应用能力的影响 $R^2$ 为 0.683，解释了 68.3%的信息技术应用能力。可见，各变量被解释得都比较充分。

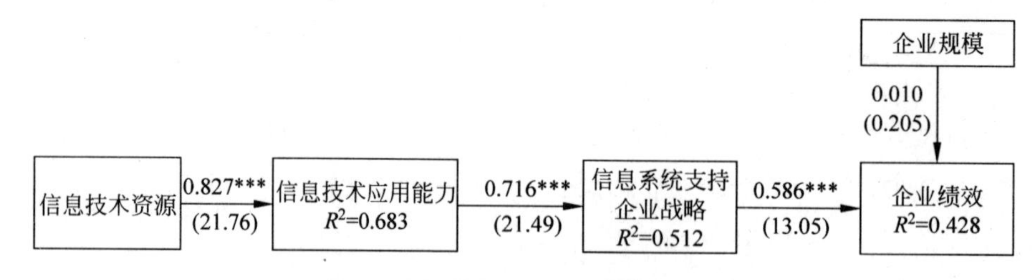


**图 2　结构模型的路径系数和 $R^2$ 值**

注：* 表示 $p<0.05$；** 表示 $p<0.01$；*** 表示 $p<0.001$。

### 4.2.2　假设检验

本文采用 Bootstrap（$N$=500）的对假设进行显著性检验。如图 2 所示，信息技术资源与信息技术应用能力之间的路径系数为 0.827，$T$ 值为 21.76，因此，信息技术资源对信息技术应用能力的影响是显著的，假设 1 成立；信息技术应用能力与信息系统支持企业战略之间的路径系数为 0.716，$T$ 值为

21.49,因此,信息技术应用能力对信息系统支持企业战略的影响是显著的,假设 2 成立;信息系统支持企业战略与企业绩效之间的路径系数为 0.586,$T$ 值为 13.05,因此,信息系统支持企业战略对企业绩效的影响是显著的,假设 3 成立。

## 4.3 信息技术增强企业竞争力的机理探索

为了进一步探索信息技术增强企业竞争力的机理,明确信息技术增强企业竞争力的过程,本文应用调查数据进一步拟合了另外的三个模型,如图 3～图 5 所示。其中,图 3 显示了一个信息技术资源直接影响企业绩效的模型,图 4 是以信息技术应用能力为中介的模型,图 5 是以信息技术应用能力和信息系统支持企业战略为中介的模型。从图 3～图 5 中可以看出,模型 C 对企业绩效的方差解释量大于模型 A 和模型 B,但小于本文研究模型的 42.8%。从理论模型的预测能力看,考虑信息技术应用能力和信息系统支持企业战略为中介变量的模型能够更加准确地预测企业绩效。

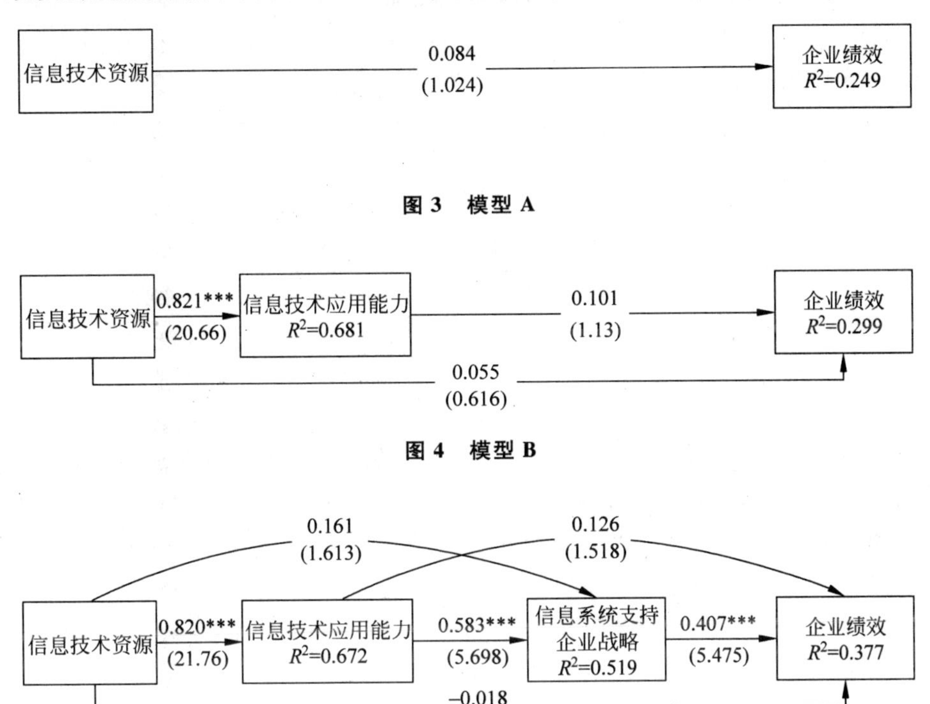


**图 3 模型 A**



**图 4 模型 B**



**图 5 模型 C**

从模型 A 和模型 B 中可以看出,无论是信息技术资源还是信息技术应用能力都无法直接影响企业绩效,从模型 C 中也可以得到相同的结论。同时,从模型 C 中还可以看出,信息技术资源与信息系统支持企业战略之间的路径系数为 0.161,但 $T$ 值只有 1.613,说明信息技术资源对信息系统支持企业战略的影响是不显著的。因此可以说,并非信息技术资源丰富的企业就可以开发出支持企业战略的信息系统,企业只有具备了信息技术应用能力,才能实现信息系统对企业战略实现的支持,从而改善企业绩效。

## 4.4 环境动态性的调节作用

为探索不同市场环境下信息技术影响企业竞争力的机理,本文首先基于环境动态性对样本数据进行聚类分析，将296个样本数据分为两个组；然后分别比较两组年收入和员工数量上的差异；接着用两组数据分别拟合图1所示的信息技术增强企业竞争力的模型，并比较结果差异；最后计算了调节效应的强度。

#### 4.4.1 数据分组

基于环境动态性的聚类将296个样本数据分为两组，第一组共175条数据，第二组为121条数据，两组样本的环境动态性的描述性统计如表3所示。从表3中可以看出，第一组样本的环境动态性均值为5.247 5，第二组样本的环境动态性均值为3.650 8，可以初步判定第一组样本的环境动态性大于第二组样本环境动态性，单因素的方差分析结果显示，如表4所示，两组样本环境动态性的总离差平方和SST为307.711，$F$值为425.453，相伴概率$p$为0.000，小于0.001，即两组之间的环境动态性存在显著差异。因此，本文将第一组样本称为为动态环境组；第二组样本称为稳定环境组。

**表3 两组样本的环境动态性的描述性统计**

| 组名 | 样本数 | 最大值 | 最小值 | 均值 | 标准差 |
|---|---|---|---|---|---|
| 动态环境组 | 175 | 7.00 | 4.50 | 5.245 7 | 0.714 42 |
| 稳定环境组 | 121 | 4.25 | 1.25 | 3.650 8 | 0.554 79 |

**表4 两组样本环境动态性的方差分析结果**

| | 平方和 | 自由度 | 平方均值 | $F$值 | 相伴概率 |
|---|---|---|---|---|---|
| 组间 | 181.967 | 1 | 181.967 | 425.453 | 0.000 |
| 组内 | 125.744 | 294 | 0.428 | | |
| 总计 | 307.711 | 295 | | | |

#### 4.4.2 组间员工数量和销售收入比较

为了排除企业规模对信息技术资源影响企业竞争力机理的干扰，本文分别基于员工数量和销售收入对两组样本进行了单因素的方差分析，两组样本的员工数量和销售收入的均值比较以及方差分析的结果见表5～表8。

**表5 两组样本的员工数量的均值比较**

| 组名 | 样本数 | 均值 | 标准差 | 标准误差 | 95%的置信区间 | |
|---|---|---|---|---|---|---|
| | | | | | 下界 | 上界 |
| 动态环境组 | 175 | $2.672\ 3\times10^3$ | 8 458.411 86 | $6.393\ 96\times10^2$ | 1 410.321 3 | 3 934.261 5 |
| 稳定环境组 | 121 | $2.392\ 3\times10^3$ | 6 643.229 16 | $6.039\ 30\times10^2$ | 1 196.517 0 | 3 587.995 4 |
| 总计 | 296 | $2.557\ 8\times10^3$ | 7 756.963 50 | $4.508\ 64\times10^2$ | 1 670.499 4 | 3 445.135 8 |

**表6 两组样本员工数量的方差分析结果**

| | 平方和 | 自由度 | 平方均值 | $F$值 | 相伴概率 |
|---|---|---|---|---|---|
| 组间 | 5 609 924.954 | 1 | 5 609 924.954 | 0.093 | 0.761 |
| 组内 | $1.774\times10^{10}$ | 294 | $6.036\times10^7$ | | |
| 总计 | $1.775\times10^{10}$ | 295 | | | |

表 7　两组样本的销售收入的均值比较

| 组名 | 样本数 | 均值 | 标准差 | 标准误差 | 95%的置信区间 | |
|---|---|---|---|---|---|---|
| | | | | | 下界 | 上界 |
| 动态环境组 | 175 | $3.2933\times10^5$ | $1.50314\times10^6$ | $1.14948\times10^5$ | 102 415.879 4 | 556 235.335 4 |
| 稳定环境组 | 121 | $3.2475\times10^5$ | $1.12720\times10^6$ | $1.03768\times10^5$ | 119 244.781 2 | 530 257.245 5 |
| 总计 | 296 | $3.2746\times10^5$ | $1.36010\times10^6$ | $8.00060\times10^4$ | 169 987.093 3 | 484 928.466 9 |

表 8　两组样本销售收入的方差分析结果

| | 平方和 | 自由度 | 平方均值 | *F* 值 | 相伴概率 |
|---|---|---|---|---|---|
| 组间 | $1.461\times10^9$ | 1 | $1.461\times10^9$ | 0.001 | 0.978 |
| 组内 | $5.328\times10^{14}$ | 287 | $1.856\times10^{12}$ | | |
| 总计 | $5.328\times10^{14}$ | 288 | | | |

如表 6 所示，员工数量组间离差平方和 SSR＝5 609 924.954，组内均方 MSR＝$1.774\times10^{10}$，总离差平方和为 SST＝$1.775\times10^{10}$，$F=0.093$，$F$ 统计量相伴概率 $p=0.761>0.05$，高于显著性水平，说明动态环境组和稳定环境组在员工数量上没有显著差异。

如表 8 所示，销售收入组间离差平方和 SSR＝$1.461\times10^9$，组内均方 MSR＝$5.328\times10^{14}$，总离差平方和为 SST＝$5.328\times10^{14}$，$F=0.001$，$F$ 统计量相伴概率 $p=0.978>0.05$，高于显著性水平，说明动态环境组和稳定环境组在销售收入上没有显著差异。

#### 4.4.3　不同环境下信息技术增强企业竞争力的机理

本文将动态环境组的 175 条数据和稳定环境组的 121 条数据，分别用 PLS-Graph3.0 对图 1 所示的信息技术增强企业竞争力的模型进行了拟合，并应用 BootStrap 算法（$N=500$）进行了显著性检验，模型拟合和显著性检验结果见图 6。如图 6 所示，在稳定环境下，信息系统支持企业战略与企业绩效之间的关系是显著的，而信息技术应用能力与信息系统支持企业绩效之间的关系是不显著的；在动态环境下，信息系统支持企业战略与企业绩效之间的关系是不显著的，而信息技术应用能力与信息系统支持企业战略之间的关系是显著的。

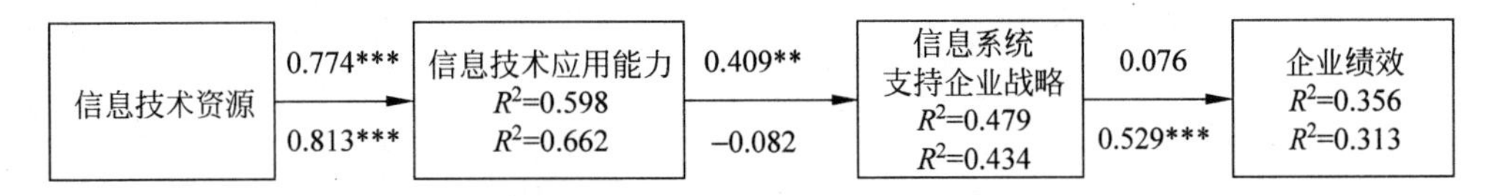


图 6　不同环境下信息技术增强企业竞争力的机理

1. * 表示 $p<0.05$；** 表示 $p<0.01$；*** 表示 $p<0.001$。

2. 上面的数字为动态环境组的分析结果；下面的数字为稳定环境组的分析结果。

#### 4.4.4　环境动态性的调节效应检验

本文使用 Chin、Marcolin 和 Newsted 的方法[43]，分别检验了环境动态性对信息技术应用能力与信息系统支持企业战略以及信息系统支持企业战略与企业绩效之间关系的调节效应，结果分别见表 9 和表 10。

表 9 环境动态性对 IT 应用能力 IS 支持企业战略之间关系的调节效应检验

| 路 径 | 系 数 | 均 值 | 标 准 差 | T 值 |
|---|---|---|---|---|
| ACIT→Sup_Stra | 0.370 176 | 0.338 401 | 0.075 569 | 4.898 497 |
| Dyna→Sup_Stra | −0.170 308 | −0.176 194 | 0.066 887 | 2.546 211 |
| ACIT · Dyna→Sup_Stra | 0.528 130 | 0.583 977 | 0.090 060 | 5.864 220 |

表 10 环境动态性对 IS 支持企业战略和企业绩效之间关系的调节效应检验

| 路 径 | 系 数 | 均 值 | 标 准 差 | T 值 |
|---|---|---|---|---|
| Dyna→Perf | 0.337 318 | 0.330 262 | 0.045 739 | 7.374 763 |
| Sup_Stra→Perf | 0.389 858 | 0.373 754 | 0.054 659 | 7.132 576 |
| Sup_Stra · Dyna→Perf | −0.206 831 | −0.183 442 | 0.155 540 | 2.329 760 |

如表 9 所示，预测变量信息技术应用能力（ACIT）和调节变量环境动态性（Dyna）的乘积变量（ACIT · Dyna）对因变量信息系统支持企业战略（Sup_Stra）的影响系数为 0.528 1，$T$ 值为 5.864 2。因此可以说，环境动态性对信息技术应用能力和信息系统支持企业战略之间关系的正向调节效应在置信水平为 0.001 的水平下是显著的。

按照 Chin 等[43]的方法①，本文计算了环境动态性对信息技术应用能力和信息系统支持企业战略之间关系的调节效应的强度，$f^2=(0.554-0.531)/(1-0.554)=0.0516$，为轻度调节效应，即环境动态性轻度调节信息技术应用能力和信息系统支持企业战略之间的关系。

如表 10 所示，预测变量信息系统支持企业战略（Sup_Stra）和调节变量环境动态性（Dyna）的乘积变量（Sup_Stra · Dyna）对因变量企业绩效（Perf）的影响系数为−0.206 8，$T$ 值为 2.329 8。因此可以说，环境动态性对信息系统支持企业战略和企业战略之间关系的负向调节效应在置信水平为 0.05 的水平下是显著的。

按照 Chin 等[43]的方法，本文计算了环境动态性对信息系统支持企业战略和企业绩效之间关系的调节效应的强度，$f^2=(0.488-0.448)/(1-0.488)=0.0781$，为轻度调节效应，即环境动态性轻度负向调节信息技术应用能力和信息系统支持企业核心竞争能力之间的关系。

为了更加形象、直观地表达环境动态性对信息技术应用能力与信息系统支持企业战略之间关系以及信息系统支持企业战略与企业绩效之间关系的调节效应，本文分别绘制了动态环境对信息技术应用能力与信息系统支持企业战略之间关系的调节效应图。动态环境对与信息系统支持企业战略与企业绩效之间关系的调节效应图，如图 7 和图 8 所示。从图 7 中可以看出，在动态环境下，企业的信息技术应用能力越强，信息系统越能支持企业战略的实施和实现；在稳定环境下，信息技术应用能力基本上对信息系统支持企业战略不产生影响。从图 8 中可以看出，在稳定环境下，企业的信息系统越能支持企业战略，企业的绩效越好；而在动态环境下，企业信息系统对企业战略的支持基本上与企业绩效的改善无关。

① Chin、Marcolin 和 Newsted 建议按照下面的公式计算调节效应的强度：

$$f^2=[R^2(\text{调节效应模型})-R^2(\text{主效应模型})][1-R^2(\text{调节效应模型})]$$

当 $0.02\leqslant f^2<0.15$ 时，为轻度调节效应；当 $0.15\leqslant f^2<0.35$ 时，为中度调节效应；当 $f^2\geqslant 0.35$ 时，为高度调节效应。

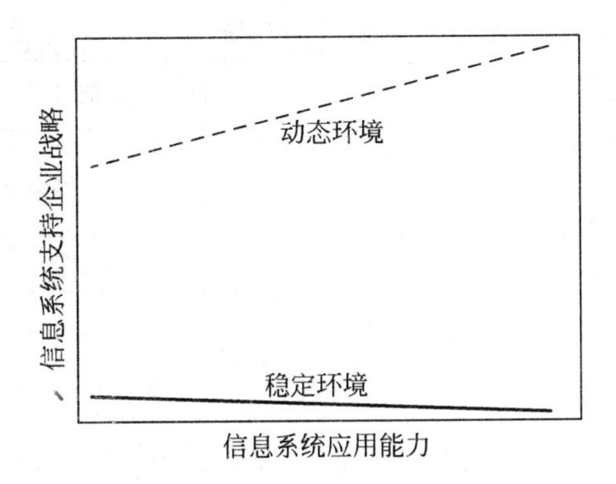


**图 7　环境动态性对信息技术应用能力与信息系统支持企业战略之间关系的调节作用**

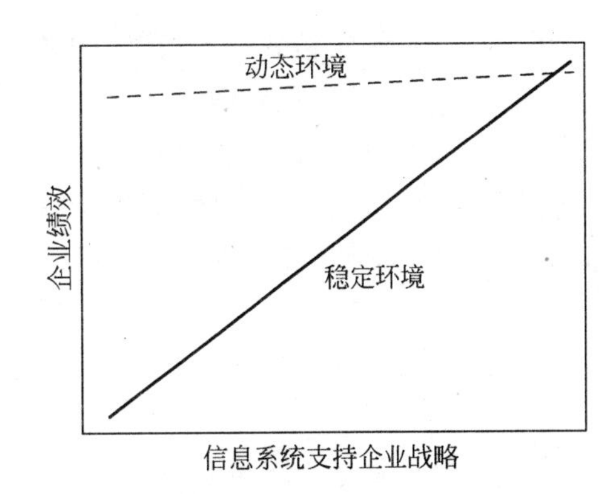


**图 8　环境动态性对信息系统支持企业战略与企业绩效之间关系的调节作用**

# 5　结果与讨论

根据前面的数据分析和假设检验，可以得出如下结果：

(1) 信息技术增强企业竞争力的机理。信息技术资源和信息技术应用能力都不能直接影响企业绩效，信息技术应用能力必须通过开发出支持企业战略实现的信息系统，才能间接影响企业竞争力，而企业信息技术应用能力又受到信息技术资源的影响，即企业的信息技术资源越丰富，企业的信息技术应用能力的水平越高。然而，并不是信息技术资源越丰富，企业的信息系统对企业战略的支持程度就越高(如图 5 所示，信息技术资源与信息系统支持企业战略之间的路径系数为 0.161，但 $T$ 值只有 1.613，说明信息技术资源对信息系统支持企业战略之间的影响是不显著的)，只有将信息技术资源转化为信息技术应用能力，才能实现信息系统对企业战略的支持，从而改善企业绩效。

(2) 环境动态性正向调节信息技术应用能力与信息系统支持企业战略之间的关系。在动态环境下，信息技术应用能力越强，企业的信息系统支持企业战略的程度就越高，而在稳定环境下，企业的信息技术应用能力与信息系统支持企业战略之间呈现弱负相关关系。因此，在动态环境下，企业在信息技术应用过程中应该更加强调信息技术应用能力的开发和培育。因为在动态环境下，企业只有具备了信息技术应用能力，才能根据企业战略的调整，不断地开发出支持新的企业战略的信息系统，实现信息技术战略和企业战略的动态匹配，持续增强企业竞争力。在稳定环境下，企业应该将信息技术应用的重点放在支持企业战略的信息系统的开发上，而不必强调信息技术应用能力的开发和培育。因为信息技术应用能力与信息技术资源相比，虽然柔性更强，但是信息技术应用能力的开发和培育需要企业更大的投入，而稳定环境下，企业战略是不变的，企业只要拥有了支持企业战略的信息系统，便可实现企业竞争力的持续增强，因此企业没有必要花费巨大的投入培育信息技术应用能力。

(3) 环境动态性负向调节信息系统支持企业战略和企业绩效之间的关系。在稳定环境下，信息系统支持企业战略的程度越高，企业越能通过信息技术应用增强企业竞争力，而在动态环境下，信息系统支持企业战略与企业绩效之间几乎是不相关的。这是因为企业内外部条件的变化，使得企业战略也需要不断地做出调整，以响应这些变化，而信息系统对企业原有战略的支持，将限制企业战略的柔性，从而导致企业在动态环境下很难通过信息系统支持企业战略实现企业竞争力的增强。在本文的调查中也可以看出，绝大多数企业虽然意识到了信息技术对企业战略实现的巨大作用，而且能够有意识地去分析信息技术增强企业竞争力的机会，但是由于缺少对信息技术战略的规划方法的掌握，尤其是动态环境下如何制定信息技术战略，因此被调查企业绝大多数无法实现信息技术战略和企业战略的动态匹配，因此无法实现在动态环境下通过信息系统支持企业战略实现企业绩效的改善。因此，在动态环境下，企业的信息技术应用能力在支持企业战略的信息系统实现过程中，更应该强调信息技术战略、信息技术基础设施和信息系统的柔性，确保当企业战略发生变化时，能够以较低的成本快速调整信息技术战略，这样才能实现动态环境下，信息技术持续增强企业竞争力。

## 6 结论

尽管前人对信息技术应用能力与企业竞争力的关系做了大量的研究，但是探索信息技术增强企业竞争力机理的实证研究还比较少，考虑动态环境对信息技术增强企业竞争力的研究则更少。本文基于企业资源观和竞争战略理论，构建了信息技术资源、信息技术应用能力、信息系统支持企业战略、企业绩效和动态环境之间的理论模型，并通过问卷调查数据对上述研究变量之间的关系进行了实证检验。研究结果表明：①企业在信息技术应用过程中，通过信息技术应用能力将信息技术资源转化成支持企业战略的信息系统，间接增强企业竞争力；②在不同的竞争环境下，信息技术增强企业竞争力的机理是不同的，因此企业信息技术的应用重点也是不同的。在动态环境下，企业应该开发和培育自身的信息技术应用能力，以实现信息技术战略和企业战略的动态匹配；而在稳定环境下，企业应该将信息技术应用的重点放在获取支持企业战略的信息技术资源上。

本文还有很多问题值得进一步深入研究，如本文的研究结果表明，在动态环境下，信息系统支持企业战略与企业绩效呈现出非常微弱的相关关系。那么在动态环境下，我国企业该如何利用信息技术应用能力，才能实现企业竞争力的持续增强？也就是说，在动态环境下，信息技术增强企业竞争力的机理还不明确，有待进一步探索。

## 参考文献

[1] 沃伦·麦克法兰，理查德·诺兰，陈国青. IT战略与竞争优势——信息时代的中国企业管理挑战与案例[M]. 北京：高等教育出版社，2003.

[2] Wade M，Hulland J. The resource-based view and information systems research：Review，extension，and suggestion for future research[J]. MIS Quarterly，2004，28(1)：107-142.

[3] Luftman J，Kempaiah R. Key issues for IT executives 2007[J]. MIS Quarterly Executive，2008，7(2)：269-286.

[4] Watson R T，Kelly G G，Galliers R D，et al. Key issues in information systems management：An international perspective[J]. Journal of Management Information Systems，1997，13(4)：91-116.

[5] 王念新，仲伟俊，张玉林，等. 信息技术和企业竞争力的关系研究[J]. 计算机集成制造系统，2007，13(10)：1970-1977.

[6] Wernerfelt B. A resource-based view of the firm[J]. Strategic Management Journal，1984，5(2)：171-180.

[7] Grant R M. The resource-based theory of competitive advantage：Implications for strategy formulation[J]. California Management，Review，1991.

[8] Teece D. Explicating dynamic capabilities：the nature and microfoundations of(sustainable) enterprise performance[J]. Strategic Management Journal，2007，9999(9999)：n/a.

[9] Teece D J，Pisano G，Shuen A. Dynamic capabilities and strategic management[J]. Strategic Management Journal，1997，18(7)：509-533.

[10] Bharadwaj A S. A resource-based perspective on information technology capability and firm performance：An empirical investigation[J]. MIS Quarterly，2000，24(1)：169-196.

[11] Melville N, Kraemer K, Gurbaxani V. Information technology and organizational performance: An integrative model of IT business value[J]. MIS Quarterly, 2004, 28(2): 283-322.

[12] Chan Y E, Sabherwal R, Thatcher J B. Antecedents and outcomes of strategic IS alignment: An empirical investigation[J]. IEEE Transactions on Engineering Management, 2006, 53(1): 27-47.

[13] Kearns G S, Sabherwal R. Strategic alignment between business and information technology: A knowledge-based view of behaviors, outcome, and consequences[J]. Journal of Management Information Systems, 2006, 23(3): 129-162.

[14] Bergeron F, Raymond L, Rivard S. Ideal patterns of strategic alignment and business performance[J]. Information & Management, 2004, 41(8): 1003-1020.

[15] Oh W, Pinsonneault A. On the assessment of the strategic value of information technologies: Conceptual and analytical approaches[J]. MIS Quarterly, 2007, 31(2): 239-265.

[16] 杨青，黄丽华，何崑. 企业规划与信息系统规划战略一致性实证研究[J]. 管理科学学报，2003，6(4)：43-54.

[17] 杨青，陈忠民，黄丽华. 基于能力的公司规划与信息系统规划战略关系实证研究[J]. 管理工程学报，2007，21(3)：141-145.

[18] Ives B, Learmonth G P. The information system as a competitive weapon[J]. Communications of the ACM, 1984, 27(12): 1193-1201.

[19] Sambamurthy V, Bharadwaj A, Grover V. Shaping agility through digital options: Reconceptualizing the role of information technology in contemporary firms[J]. MIS Quarterly, 2003, 27(2): 237-263.

[20] Porter M E, Millar V E. How information gives you competitive advantage[J]. Harvard Business Review, 1985, 63(4): 149-160.

[21] Pavlou P A, El Sawy O A. From IT leveraging competence to competitive advantage in turbulent environments: The case of new product development[J]. Information Systems Research, 2006, 17(3): 198-227.

[22] Levy M, Powell P, Yetton P. SMEs: aligning IS and the strategic context[J]. Journal of Information Technology, 2001, 16(3): 133-144.

[23] Croteau A M, Raymond L. Performance outcomes of strategic and IT competencies alignment[J]. Journal of Information Technology, 2004, 19(3): 178-190.

[24] Sauer C, Yetton P W, Alexander L. Steps to the Future: Fresh Thinking on the Management of It-Based Organizational Transformation[M]. Jossey-Bass Inc., Publishers, 1997.

[25] Boonstra A, Boddy D, Fischbacher M. The limited appcetance of an electronic prescription system by general practitioners: reasons and practical implications[J]. New Technology, Work and Employment, 2004, 19(2): 128-144.

[26] Sabherwal R, Hirschheim R, Goles T. The dynamics of alignment: Insights from a punctuated equilibrium model[J]. Organization Science, 2001, 12(2): 179-197.

[27] Im K S, Dow K E, Grover V. A reexamination of IT investment and the market value of the firm: An event study methodology[J]. Information Systems Research, 2001, 12(1): 103-117.

[28] Chiasson M W, Davidson E. Taking industry seriously in information systems research[J]. MIS Quarterly, 2005, 29(4): 591-605.

[29] Stoel M D, Muhanna W A. IT capabilities and firm performance: A contingency analysis of the role of industry and IT capability type[J]. Information & Management, 2009, 46(3): 181-189.

[30] 王念新，仲伟俊，梅姝娥. 基于竞争能力理论的信息系统战略规划方法[J]. 管理科学，2008，21(5)：46-53.

[31] Salmela H, Lederer A L, Reponen T. Information systems planning in a turbulent environment[J]. European Journal of Information Systems, 2000, 9(1): 3-15.

[32] Newkirk H E, Lederer A L. The effectiveness of strategic information systems planning under environmental uncertainty[J]. Information & Management, 2006, 43(4): 481-501.

[33] Newkirk H E, Lederer A L. Incremental and comprehensive strategic information systems planning in an uncertain environment[J]. Engineering Management, IEEE Transactions on, 2006, 53(3): 380-394.

[34] Jarvis C B, MacKenzie S B, Podsakoff P M. A critical review of construct indicators and measurement model misspecification in marketing and consumer research[J]. Journal of Consumer Research, 2003, 30(2): 199-218.

[35] MacKenzie S B, Podsakoff P M, Jarvis C B. The problem of measurement model misspecification in behavioral and organizational research and some recommended solutions [J]. Jounal of Applied Psychology, 2005, 90(4): 710-730.

[36] Karimi J, Somers T M, Bhattacherjee A. The role of information systems resources in ERP capability building and business process outcomes[J]. Journal of Management Information Systems, 2007, 24(2): 221-260.

[37] Peppard J, Ward J. Beyond strategic information systems: Towards an IS capability[J]. Journal of Strategic Information Systems, 2004, 13(2): 167-194.

[38] Willcocks L, Feeny D, Olson N. Implementing core IS capabilities: Feeny-willcocks IT governance and management framework revisited[J]. European Management Journal, 2006, 24(1): 28-37.

[39] Spanos Y E, Lioukas S. An examination into the causal logic of rent generation: Contrasting Porter's competitive strategy framework and the resource-based perspective [J]. Strategic Management Journal, 2001, 22(10): 907-934.

[40] Radhakrishnan A, Zu X, Grover V. A process-oriented perspective on differential business value creation by information technology: An empirical investigation[J]. Omega, 2008, 36(6): 1105-1125.

[41] 侯杰泰，温忠麟，成子娟. 结构方程模型及其应用[M]. 北京：教育科学出版社，2004.

[42] Chin W W. PLS-Graph User's Guide Version 3.0[M]. Soft Modeling Inc, 2001.

[43] Chin W W, Marcolin B L, Newsted P R. A partial least squares latent variable modeling approach for measuring interaction effects: Results from a Monte Carlo simulation study and an electronic-mail emotion/adoption study[J]. Information Systems Research, 2003, 14(2): 189-217.

## The Mechanism of Information Technology Impacting on Firm Competitiveness Including Environmental Dynamics

ZHONG Weijun[1], WANG Nianxin[2], MEI Shue[1]

(1. School of Economics and Management, Southeast University, Nanjing 210096, China;
2. School of Economics and Management, Jiangsu University of Science and Technology, Zhenjiang 212003, China)

**Abstract** Scholars and practitioners have been paying great attention to how to use information technology(IT) for enhancing firm competitiveness. The mechanism of information technology impacting firm competitiveness is investigated based on resource-based view and competitive strategy theory. A theoretical model including IT resource, IT application capability, IS support firm's strategy, environmental dynamics and performance was brought forward to explain the great difference of IT application effectiveness among firms. The model is empirically tested using data collected from 296 firms in China by PLS-based SEM. The results strong support for the theoretical model and suggest that variation in firm performance is explained by the extent to which IT is used for supporting firm's strategy, and a firm's ability to use IT support its competitive strategy is dependent on IT application capabilities, which, in turn, are dependent on the nature of firm's IT resource. The results also indicate that environmental dynamics plays a significant moderating role in the process of IT impacting firm's competitiveness.

**Key words** Information technology resource, Application capability of information technology, Competitive strategy, Environmental dynamics, Firm competitiveness

## 作者简介

仲伟俊（1962— ），江苏南通人，东南大学经济管理学院教授、博士生导师，研究方向包括信息管理与信息系统、电子商务、技术创新等。

王念新(1979— )，江苏徐州人，江苏科技大学经济管理学院讲师，研究方向包括信息技术商业价值、信息技术能力、信息技术与业务匹配等。

梅姝娥(1968— )，江苏南通人，东南大学经济管理学院教授、博士生导师，研究方向包括信息管理与信息系统、技术创新等。

# 中国移动政务研究的现状及特征*

王长林[1] 冯玉强[1] 方润生[1,2] 刘鲁宁[1]
（1. 哈尔滨工业大学管理学院，黑龙江 哈尔滨 150001；
2. 中原工学院，河南 郑州 450006）

**摘 要** 分析和总结了现有的中国学者对移动政务的研究情况。在文献分析的基础上，从七个维度归纳和整理了中国现有的针对移动政务研究的主要特点和存在的问题。基于这些分析，论文从研究主题、研究方法和研究层次三个方面指出了该领域未来的研究方向。最后，还指明了本研究的意义和不足之处。

**关键词** 移动政务，移动商务，电子政务，电子商务，文献分析
**中图分类号** C931.6

据中国互联网络信息中心（CNNIC）发布的《第26次中国互联网络发展状况统计报告》显示，截至2010年6月底，中国手机网民用户达到2.77亿，在整体网民中的占比攀升至65.9%，相比2009年年底增加了4 334万人，增幅达18.6%。其中，大约有4 914万的网民只使用手机上网，占网民总数的11.7%[1]。随着无线网络技术和移动便携设备的发展，以移动设备（手机，PDA，计算机等便携设备）为基础的相关服务应运而生，如移动商务、移动政务。作为电子政务的延伸或补充，移动政务（mobile government或者m-government）是指政府通过移动设备（手机、PDA、计算机等便携设备）和无线网络技术等为政府雇员、公民、企业和其他组织提供信息和服务[2]。移动政务与电子政务并非是两个完全独立的概念，电子政务是政府公共管理部门利用互联网技术来改进管理效率和提高服务水平[3]，而移动政务是电子政务的拓展或补充，是在电子政务的基础上充分利用无线网络和设备，能在任何时间和地点给组织和个人提供信息和服务[4]，是为了满足政府通过多种渠道为公民提供信息服务的需要诞生的。它们的共同点在于，都是政府为改善自身管理和提高服务水平而采用的技术手段，因而其在事务类型上存在一致性。与传统的电子政务相比，移动政务由于突破了时间和空间的限制，被看成是电子政务发展的高级阶段，因而也就具有了一些独特的特征，如移动性（mobility）、便携性（portability）、位置性（location）和个性化（personalization）[5,6]。尽管现有的研究表明，移动政务能在提高政府行政效率、改善政府效能、扩大民主参与、有效推动政府职能转变和建设服务型政府等方面发挥重要作用，并被认为是今后我国政府行政管理改革发展的方向[7]。但是，相对于开展得如火如荼的电子政务和移动商务，目前移动政务的应用无论是在广度和深度上都还处于起步阶段，其发展速度远远落后于移动商务。例如，在欧洲，25%的网民使用过移动电子邮件处理商务活动，20%的网民习惯使用手机登录社交网站[8]。根据艾瑞推出的《2010年中国移动电子商务市场研究报告》的数据显示，2009年，中国移动商务用户规模已达到3 668.4万，同比增长117.7%；中国移动电子商务实物交易用户规模已达到159.7万，较2008年增长187.0%，增幅高于移动电子商务整体用户规模的增长[9]。与此形成鲜明对比的是，移动政务的应用目前大多还集中在政府门户网站的手机登录和政府工作人员的移动办

* 基金项目：国家自然科学基金海外合作基金（71028033）。
通信作者：王长林，哈尔滨工业大学管理学院，博士研究生，E-mail：chanlinw@yahoo.com.cn。

公，信息交流的方式是以公民或企业被动接受为主，而且应用的范围还十分有限[10]。

另外，目前国内学者对移动商务的研究比较多，而对移动政务的研究则相对较少。一个有力的证据是，在中国知网(CNKI)以移动商务和移动政务为标题进行搜索，分别得到文献为358篇和22篇(截至2011年2月20日)。已经有学者对中国移动商务的应用、研究现状及其发展趋势进行了系统的研究[11-13]。然而，通过对三大中文期刊数据库的检索发现，目前关于移动政务的研究还主要集中在移动政务概念探讨、案例介绍、现状分析、模式等方面[14]还没有对中国移动政务研究的研究现状进行系统的分析和总结。鉴于此，本文试图对国内移动政务的研究状况进行总结和回顾，通过对其研究现状的分析，可以发现存在的研究局限与机遇，为后来的研究者提供有益的启示，并最终促进我国移动政务更好地发展。

# 1 分析方法

## 1.1 检索数据库

一篇高质量的文献综述能够对新知识的产生奠定坚实的基础，它能够剔除冗余的研究领域，并将需要研究的问题展现出来[15]。而高质量的研究综述得益于缜密的研究设计和科学的研究方法。对文献综述来说，所选取的文献既要具有广泛的代表性，又不能包罗万象而分散了研究主题。于是，选择科学的方法来筛选研究样本就显得尤为重要。杜荣等在对中国管理会计研究现状进行综述时，以刊登在经济管理类18种权威期刊上的文献作为研究对象[16]；刘咏梅等则以发表在国家自然科学基金委管理科学学部指定的20种管理学重点期刊上的文献作为研究对象，来分析中国知识管理研究的现状及趋势[17]；周玲强等为了对旅游规划研究的热点进行整体把握，对CNKI中的相关文献进行了跨库初级检索[18]。上述三篇研究文献在进行文献筛选时所使用到的方法实际上体现了两个基本的思路：一是以本学科领域内顶级期刊中的相关文献作为研究对象；二是以某一个或几个数据库中的相关文献作为文献库。这两种思路也是国际同行在写文献综述时惯用的方法。例如，Delone & Mclean在对“信息系统成功”进行研究时便用到了思路一[19,20]，而Ngai和Aloini等在进行各自的研究时则是思路二所体现的方法[21,22]。由于移动政务在中国的研究还刚刚兴起，而且文献不多，如果以思路一作为收集文献的方法，则使用国家自然科学基金委管理科学学部指定的A类22种期刊上的文献作为研究对象比较合适。遗憾的是，通过检索，在这些期刊上并未发现与移动政务相关的文献。于是，我们采用思路二中的方法进行检索。目前，中文类的期刊文献数据库有三个：中国知网数据、万方数据和维普数据库。通过检索，我们从三个数据库中均发现了与主题相关、数量不等的文献。于是，我们选取这三大数据中的相关文献作为研究对象。我们认为，这三大数据库中的文献基本上可以代表目前中国移动政务研究的现状。

## 1.2 检索词

在确定了文献的来源地(检索数据库)以后，接下来，要解决的问题是如何确定检索词。为了保证检索所得到的文献与本研究主题的相关性，我们采用了标题中含有“移动政务”关键字的方法进行检索。以标题词作为检索文献的方法在以往的文献研究中也得到了一些应用[23,24]。另一个原因在于，我们认为，文章的标题基本上能反映一篇文章的主要内容，而且有些学者也将移动政务称为移动电子政务，但不管那种叫法，其中必定含有“移动政务”这一关键词。因此，我们认为，采用标题中含有“移动政务”关键字的检索方法是合适的。对于文献的性质，一般认为，会议论文、学位论文、编辑评论、教材、杂志、新闻等不是研究者收集资料的主要来源，研究人员更多的时候习惯从学术期刊上获取有价值的信息。因此，很多作者在筛选文献时，都将这类文献剔除，只把期刊文献作为分析的对象[25]。杜荣等在做文献研究时也将管理会计博士学位论文剔除。因为他们认为优秀博士学位论文的精华部分会在学术期刊上发表[7]。沿用他们的做法，在本研究中，我们也只将期刊论文作为研究对象。

### 1.3 文献收集

根据第一部分介绍的方法，我们对三大中文数据库中的相关文献进行了检索，将所检索到的文献作为初级文献库（时间截至2010年10月），其中，知网17篇，维普32篇，万方78篇。然后，我们对这些文章的摘要和内容进行了通读，对其中多个数据库中同一文献按一篇文献进行统计，并去掉那些仅是一般报道的文献，最终得到55篇文献样本作为本文的研究对象。

## 2 分析维度

本研究将从文献出版年、来源期刊、学科类别、研究方法、研究主题、政务类型和国际交流七个维度对文献样本展开分析，希望能获得一些有益的启示。

### 2.1 文献出版年、来源期刊和学科类别

文献出版年是指该论文发表的时间，来源期刊是指文献发表的期刊名称，学科类别是指文章内容主要涉及学科性质，我们将其划分为管理、计算机、电子信息三个学科，因为移动政务主要与这三个学科密切相关。

### 2.2 研究方法

按照目前信息系统领域的研究方向来分，可以分为行为科学和设计科学。从分析问题的方法来分，又可以分为实证分析和规范分析两大类。本文的研究方法将采用实证分析和规范分析的划分方法。对于实证分析的方法，又可以细分为实验研究、案例研究、调查研究、工具开发四类[26]。规范分析也就是所谓的解释性研究方法，通常是定性分析，而且论文中通常包含有政策建议的部分。

### 2.3 研究主题

Ngai在对2000—2003年国际上有关移动商务的研究文献进行分析后指出，目前移动商务的研究主要集中于移动商务的理论研究、无线网络的基础设施、移动中间件、无线用户基础设施以及移动商务的应用和案例[21]。为了简化分类，我们将移动政务的研究分为三类：移动政务理论研究、移动政务技术研究（包含Ngai分类中的二、三、四类）和移动政务应用研究。

### 2.4 政务类型

电子政务中，根据政府服务的对象可以将其分为四类：政府对公民（G2C）、政府对企业（G2B）、政府对政府（G2G）和政府对雇员（G2E）[27]。由于移动政务只是电子政务的拓展或延伸，就其类型而言，与电子政务的类型并无实质性区别。另外，针对某篇文献而言，它在讨论移动政务时，可能并未具体谈到何种类型，我们将之称为通用类型。所谓通用类型，是指文献只是一般地谈论移动政务，并不涉及具体类型，其原理可能适用于以上四种类型中的任何一种。

## 2.5 其他

随着国际交流的日益频繁，中国的学者也在不断地将自己的研究成果发表在国际期刊或会议上。对于在中文期刊数据库中出现的介绍国外移动政务的论文和在英文期刊数据库中出现的介绍中国移动政务的论文的具体情况将在这一部分给予介绍。

# 3 分析结果及讨论

## 3.1 文献出版年、来源期刊和学科类别

从表1中可以看出，有关移动政务的研究论文是从2002年开始见诸期刊的。其中，2009年发表最多，达到13篇；其次是2006年，达到12篇。Ngai指出，移动商务作为一个全新的研究领域，大部分的研究是从2000以后才开始出现的[21]。因此，就本次统计的结果来看，中国有关移动政务的研究从2002年开始是合乎逻辑的。论文在2009年达到顶峰可能的原因是：①近年来，无线网络技术的迅速发展和无线网民的大规模增加，为移动商务和移动政务的发展创造了技术条件。②移动商务是一个新兴的研究领域，已经引起了越来越多的国内学者的关注。同时，移动商务相关研究项目也越来越受到国家自然科学基金委的重视[3]，而与移动商务联系密切的移动政务没有理由不受到研究者的关注。③首届中国移动政务研讨会于2006年3月18日在北京大学成功举办，正式启动了“移动中国”项目。这标志着我国在移动政务以及相关的移动信息化领域，告别了自发式的、萌动的、初期的应用时代，开始了系统化、理论化、规范化应用时代[28]，并在2008年又举办了第二届论坛。因此，2009年论文发表篇数达到13篇也就不难理解。移动商务正在成为一个重要的、富有吸引力的研究领域，已经引起我国学者越来越多的关注[3]。因此，可以推断，中国学者对移动政务研究将会呈现出逐年增长的趋势。

表1 移动政务研究文献的发表时间

| 年份 | 2002 | 2003 | 2004 | 2005 | 2006 | 2007 | 2008 | 2009 | 2010 |
|---|---|---|---|---|---|---|---|---|---|
| 论文数/篇 | 1 | 1 | 4 | 4 | 12 | 7 | 6 | 13 | 7 |

从表2中可以看出，《电子政务》上的论文最多，其次是《电脑知识与技术》。《电子政务》是由中国科学院主管、中国科学院文献情报中心主办，是中国首家大型电子政务专业期刊。它致力于探讨中国电子政务发展道路和模式，推动国家信息化和电子政务进程，是中国电子政务决策者、思想者、建设者和应用者的专业期刊[29]。《电脑知识与技术》上刊登的主要是有关政务技术的专业文献。另一个有关移动政务的专业杂志是《信息化建设》。其中，《电子政务》和《信息化建设》上主要刊登与管理学科相关的电子政务、移动政务领域的文献。

表2 移动政务研究期刊来源

| 期刊名称 | 电子政务 | 电脑知识与技术 | 信息化建设 | 科技潮 | 中国信息界 | 办公自动化杂志 | 其他 |
|---|---|---|---|---|---|---|---|
| 论文数/篇 | 7 | 5 | 3 | 3 | 2 | 2 | 1 |

另外，根据我们的统计结果显示，其中，发表在核心期刊(CSSCI北大2009)上的有2篇，期刊名称分别是《长白学刊》和《生产力研究》；发表在大学学报上的有9篇。一般来讲，核心期刊和大学学报上

的论文比较规范，基本上能够代表此领域研究的最高水平。这一统计结果表明，目前中国有关移动政务的研究还很不成熟，专业性的学术期刊和高水平的期刊上发表的论文还比较少。例如，目前国家自然科学基金委管理科学学部指定的管理类的A类期刊和B类期刊上还未出现有讨论移动政务的文献。这很可能与移动政务作为一个新兴的研究领域有很大的关系，这也为我们研究这一新的领域提供了广泛的拓展空间。

从学科类别来看(见表3)，计算机和管理学科的文献基本相当，而电子信息学科的最少，仅有4篇。可能的原因是，无线网络技术已经作为一种成熟的技术，而与移动政务有关的信息基础设施、用户接受和信息安全等相关领域还面临诸多问题[30,31]，所以这两个学科的文献相对而言比较多一些。

**表3　移动政务研究学科类别**

| 分　类 | 计算机 | 管理科学 | 电子信息 |
|---|---|---|---|
| 论文数/篇 | 26 | 25 | 4 |

## 3.2　研究方法

从研究方法上看(见表4)，其中工具开发的论文占了将近一半；其次是规范性分析的论文，达到19篇。令人欣喜的是，采用案例研究的文献达到10篇，而且还有调查研究的文献。严格地讲，工具开发应该归属于设计科学的范畴，以技术导向为主，但真正意义上的实证研究还是空白。这说明，我国学者在研究方法上，更多地停留在非实证的研究方法上，而对于国际上比较流行的实证研究方法应用得还比较少。同样的情况也出现在中国移动商务的研究当中。汪应洛指出，我国的移动商务在研究方法上还存在一定的局限，采用实证方法对移动商务问题进行系统、深入分析的研究还相对较少。随着移动商务的不断发展和成熟，要探究更深入的规律应考虑多种实证方法的采用，不能仅仅停留在非实证研究上[3]。出现这种现象的原因主要与中国的文化有关。一直以来，我国的管理学者就十分重视思辨性的研究，而轻视逻辑严密的实证性分析。但随着与国外研究的接轨，中国的管理学者要想有所建树，也必须采用规范的研究方法。只有这样，才能够使我们的管理实践和学术成果为国际同行所了解，在国际上占有一席之地。对于早期的研究，工具开发占了半壁江山，这实际上是由于技术发展不同阶段的侧重点不同造成的。一般而言，在一项新技术应用的早期，技术和基础设施占主导地位；而在成熟阶段，与商务模式和营销策略相关的研究则占据主流。

**表4　移动政务研究方法**

| 分　类 | 案例研究 | 调查研究 | 工具开发 | 规范性分析 |
|---|---|---|---|---|
| 论文数/篇 | 10 | 1 | 25 | 19 |

另一个值得注意的现象是，规范研究缺乏理论基础和案例及调查研究的研究设计不够规范。我们对规范性文献的分析后发现，这些文献基本上都缺乏分析的理论依据。然而，对于采用规范性分析的文献而言，没有经过严密的逻辑推理所得出的结果很难令人信服，其理论价值和应用价值就会大打折扣。我们对采用案例研究和调查研究的文献分析后发现，这些文章通常是直接介绍案例在某一项目或行业中的应用，几乎不提及案例的研究设计和关键信息的来源，也未曾介绍样本的相关信息。由此我们认为，总之，尽管案例研究在移动政务研究中占有一席之地，但这些研究还不能算是真正意义上的案例研究，其研究方法还有待改善。而且，我们认为，移动政务作为一个新兴的研究领域，采用探索性的案例研究方法是比较合适的。因为，案例研究作为一种探索性的研究方法，它尤其适用于研究

一个尚未被研究或很少被研究的焦点现象或事件[32]。

## 3.3 研究主题

参照 Ngai 对移动商务的研究，我们将移动政务研究的主题分为政务理论、政务技术和政务应用。从表 5 中可以看出，对政务技术的研究最多，其次是政务理论，最少的是政务应用。这主要是因为目前移动政务研究还处于起步阶段，因而大多数研究是以技术导向为主。例如，系统设计和系统开发等。政务理论主要是概念解释、应用现状和发展建议等，而政务理论中一些核心问题的研究还比较少涉及，如移动政务采纳、移动政务模式和移动政务评价等。在政务应用部分则主要是对具体的软件系统或者软件系统在行业中的应用状况的介绍。这实际上也印证了第二部分讨论的研究方法，重工具开发和非实证研究，而轻视案例研究等实证研究方法。这是与移动政务目前的发展状况密切相关的。移动政务作为作为电子政务的拓展，属于一个新兴的研究领域，其研究领域也必然从宏观的概念辨析、发展政策建议等着手。随着移动政务的发展和成熟，其研究领域也必然会越来越偏重具体业务问题，而非简单的概念解释。

表 5 移动政务研究主题

| 分　类 | 政务理论 | 政务技术 | 政务应用 |
| --- | --- | --- | --- |
| 论文数 | 21 | 24 | 10 |

我们根据文献样本中各个文献的内容，对三大类的论文主题进行了进一步的细分，对该类细分文献中的典型文献进行了列举和文献总量进行了统计，具体情况见表 6。在政务理论部分，研究最多的主题是概念解释，其次是发展现状和发展策略，最少的是发展模式及评价。这说明，研究者对政务理论各主题的研究并不对等，也印证了移动政务在我国的研究还不充分，目前的研究大多还是从宏观视角上展开，对移动政务发展具有重要意义的发展模式和效果评价等微观视角的研究还较少涉及。在政务技术部分，主要集中在政务系统和无线网络，特别是对政务系统的研究基本占了论文数量的全部，而关于无线应用设备的研究还处于空白。在政务应用部分，针对国内应用的案例研究有 7 篇，介绍国外移动政务经验和案例的有 3 篇。

表 6 移动政务研究细分主题

<table>
<tr><th>一级主题</th><th>二级主题</th><th>文献作者及发表年</th><th>典型文献名称</th><th colspan="2">文献数量/篇</th></tr>
<tr><td rowspan="6">政务理论</td><td>概念解释</td><td>王丽慧和王玮(2009)</td><td>移动政务：人人都可享用的政府服务</td><td>8</td><td rowspan="6">21</td></tr>
<tr><td>发展现状</td><td>郭零兵和邓德胜(2007)</td><td>我国移动电子政务发展现状分析</td><td>4</td></tr>
<tr><td>发展策略</td><td>钱英(2009)</td><td>刍议移动政务的应用与发展</td><td>4</td></tr>
<tr><td>政务建设</td><td>李传莉(2010)</td><td>助办公提速，惠民生发展，促社会和谐</td><td>3</td></tr>
<tr><td>发展模式</td><td>黄依林(2008)</td><td>基于无线网络技术移政务个性化信息服务模式</td><td>1</td></tr>
<tr><td>政务评价</td><td>赵蓉(2008)</td><td>移动政务关键成功因素研究</td><td>1</td></tr>
<tr><td rowspan="3">政务技术</td><td>无线网络</td><td>张跃(2002)</td><td>移动技术在政务信息化中的应用</td><td>2</td><td rowspan="3">24</td></tr>
<tr><td>政务系统</td><td>卢志群和杨辉(2007)</td><td>基于 SMS 和 WAP 的移动政务系统的设计与实现</td><td>22</td></tr>
<tr><td>无线设备</td><td>无</td><td>无</td><td>0</td></tr>
<tr><td rowspan="2">政务应用</td><td>国内应用</td><td>魏一(2004)</td><td>金鹏移动化可视化电子政务解决方案</td><td>7</td><td rowspan="2">10</td></tr>
<tr><td>国外应用</td><td>宋刚(2006)</td><td>英国游牧项目打造移动政务</td><td>3</td></tr>
</table>

从总体上看，目前国内学者关于移动政务的研究还处于初级阶段，移动政务理论方面主要集中在概念性、说明性和技术设计等研究方面，而关于组织和个体行为的研究还比较少。例如，移动政务采纳、移动政务信任以及移动政务对政府、企业和公民的影响、移动政务的跨文化研究等重要的理论问题都未曾涉及。在移动政务技术方面，缺乏对如何解决移动终端设备与移动政务发展之间的矛盾进行深入研究。在移动政务应用方面，没有对移动政务在行业中的典型应用案例进行系统的介绍和采用规范的研究方法进行深入的分析，理论上研究的不足将极有可能阻碍移动政务在中国的发展和应用，这也是需要引起国内研究者关注的问题。

## 3.4 政务类型

表7显示了文献样本中各文献的政务类型，这里主要涉及的是政务应用部分的文献。其中，针对个体层次的政务类型的研究有G2C和G2E，分别为5篇和4篇；关于组织层次的政务类型的研究有G2B和G2G，分别为1篇和0篇。其他的文献由于主题是关于政务理论和政务技术，也就难以划分其政务类型。我们认为在主题是政务理论和政务技术部分探讨的移动政务是一般意义上的政务类型，即这些文献中涉及的移动政务具有普适意义，适合四种政务类型中的任何一种，于是我们将这些文献的政务类型划分为通用类型。从统计结果来看，关于个体层次的G2C和G2E的研究较多，而关于组织层次的G2B和G2G的研究相对较少，特别是G2G的政务类型还未曾涉及。实际上，关于组织层次的研究较少的现象不单单出现在移动政务研究领域，在信息系统领域中其他方向的研究也较为普遍。例如，在有关信息系统成功的研究中，DeLone和McLean就曾指出，今后应该加强对组织层次信息系统成功的研究[11]；同样，在信息技术采纳领域，如针对TAM模型[33]、电子商务采纳[34]和移动商务采纳[35,36]的研究也主要是从个体层次展开，从组织层次和多层次视角来展开研究的比较少。

造成这种现象的可能的原因在于，对于实证研究而言，从组织层次研究收集数据的难度较大，如Gaedeke和Tooltelian就曾预测从高层管理者得到的响应率达到20%以上即可接受[37]。而对于实证研究经常用到的分析工具AMOS而言，较少的样本根本无法保证模型的稳定性。当样本低于100时，几乎所有的结构方程模型分析都是不稳定的。若要得到稳定的结构方程模型结构，低于200的样本数量是不鼓励的[38]。有些学者甚至建议样本数至少应为变量的10倍。这就意味着，模型中变量越多，样本的需求量就越大。相比较而言，对个体层次而言，收集数据就容易多了。另外，由于对个体层次的研究较多，已经积累了坚实的理论基础，所以，相比较而言，移动政务个体层次的研究较多也就不足为怪。但是，在移动政务领域，对于组织层次的研究将有利于G2G和G2B两种政务类型的发展，对加强政府部门之间的信息共享和提高企业对政府的满意度具有重要意义。

**表7 移动政务研究类型**

| 分 类 | G2B | G2C | G2E | G2G | 通用类型 |
|---|---|---|---|---|---|
| 论文数/篇 | 1 | 5 | 4 | 0 | 43 |

## 3.5 其他

在国内期刊上出现了4篇介绍国外移动政务的应用案例，主要介绍了欧盟、北欧、瑞典和英国移动政务的相关经验。这些研究并没有完全按照案例研究的范式进行，更多的是一般意义上的应用介绍。而另外5篇介绍中国移动政务的外文文献都来自于会议论文，时间跨度为2008—2010年，内容涉及政务理论和政务技术两个方面。例如，在政务理论方面有移动技术在构建移动城市中的应用[39]、移动政务对政府管理的影响作用[40]和基于中国情景的移动政务的采纳模型[41]；在政务技术方面的有基于移动技术的短信平台设计[42]和基于移动代理的弹性工作流程设计[43]。特别值得一提的是，这些英文文献中已经出现了有关行为问题的研究以及政务实施的影响研究。随着移动政务的发展和成熟，针对具体移动政务的行为导向的研究将会越来越多，而非只是对移动政务的概念框架和发展状况等做一般性的研究。

# 4 研究展望

## 4.1 目前研究的不足

通过第三部分的分析可以看出，目前我国移动政务研究从整体上看还处于起步阶段，研究还不够深入。针对诸如移动政务的概念内涵和发展现状等抽象的一般性的问题研究较多，而针对移动政务的具体实施和应用等具体问题研究较少。在研究方法上，重分析，轻实证；在研究导向上，重技术研究，轻行为研究；在研究层次上，重个体层次，轻组织层次。

移动政务作为一项新生事物，它不仅消除了实体政务对空间和时间的限制，还突破了传统电子政务对物理网络延展长度的依赖[44]。因此，有很多理论和应用问题值得我们进一步深入研究。结合目前中国移动政务的研究现状，我们认为在移动政务研究领域有以下三个方面的问题值得研究者关注。

## 4.2 值得研究的问题

### 4.2.1 研究主题

(1) 移动政务理论

一是移动政务的行为问题研究。由于中国的经济状况、政治环境、法律环境、文化传统和公民素质等都会对移动政务的发展产生影响，因此，研究中国情景下移动政务的采纳的影响因素，移动政务的使用对政府、企业和公民的影响，移动政务的实施方法，以及移动政务实施的评价指标体系将具有重要意义。另外，目前对于信息系统成功、电子商务和电子政务系统的成功研究都比较充分。然而，对于移动商务和移动政务成功研究的文献还是空白，特别是基于中国文化背景下的移动政务系统成功、移动政务系统成功对政府、企业和公民的影响以及二者之间的互动研究。

二是信息安全问题研究。在移动商务环境下，感知安全是使用者信任商家并产生购买动机的一个重要因素[45]。越来越多的研究表明，消费者在使用移动商务时首要考虑的因素是其安全性。因此，提高使用者对移动服务安全性的感知，有利于降低感知的风险、增加使用者的信心，从而对使用移动商务产生积极的作用[46]。同样的情况也存在于移动政务环境中。无论对于传统电子政务还是移动政务，公民和企业对政府及政务系统的信任程度直接影响移动政务的进一步发展。安全问题反映了公民和企业对移动政务服务的可靠性和私密性的认知，在某种程度上决定了他们使用移动政务的意愿。绝大多数人之所以对移动电子商务持观望态度，主要是基于对其安全性的顾虑[3]。目前，无论是无线传输中网络的安全，移动使用过程中个人隐私的安全，还是移动终端的装置安全问题，都有待于进一步改进。

三是国内外移动政务的比较研究。对同一问题进行跨文化的研究目前已经成为一个热门的研究方法，对信息系统领域相关问题的研究，不同时期的不同学者也都强调了采用跨文化研究的必要性和重要性[47,48]。随着移动政务的广泛应用，文化对其影响可能会越来越明显，人们对移动政务服务内容的预期、对移动政务的表现形式以及工作任务与移动技术的匹配方式和程度的要求可能都会受到地域文化的影响。那么,在移动政务的研究过程中,对于比较不同文化背景下的移动政务的实施战略、方法和公民和组织对移动政务的使用差异可能是一个值得探讨的问题。通过这样的对比研究,我们可以发现我国公民和组织在使用移动政务过程中的特殊性,从而采取适合我国国情的移动政务模型和移动政务实施战略。

(2) 移动政务技术

移动政务技术包括无线基础设施、移动中间件和移动终端设备。目前,制约移动商务和移动政务发展的一大因素便是移动终端设备[3]。例如,手机的屏幕较小、内存较小和移动网络速度慢极大地影响了移动政务的推广。因此,开发出适合移动政务发展的终端设备将对其发展具有重大意义。另外,如何解决与信息安全相关的技术难题、如何设计和开发出适合在手机上运行和符合用户习惯的移动中间件都是值得研究的问题。

(3) 移动政务应用

移动政务的研究最终要为实践服务,因此,今后的研究要更加注重以应用为导向,在深入挖掘移动政务理论研究价值的基础上,更好地促进移动政务的发展。另外,需要对国内外移动政务的典型案例进行全面、深入的剖析,总结和归纳各类案例的成功经验,为我国全面、深入地推进移动政务的发展积累更多、更好的经验。这当中一些具体的研究问题尽管有但不限于移动政务的应用模式、移动政务实施和应用的障碍、移动政务在不同层级政府间体系的构建、移动政务应用的阶段特征等。

#### 4.2.2 研究层次(政务类型)

目前国内移动政务的研究更多的是从个体层次展开,重在对 G2C 和 G2E 移动政务类型的研究,今后应加大对组织层次上的 G2B 和 G2G 移动政务类型的研究。应注重研究在移动政务发展过程中政府自身的行为问题以及对其自身的影响。例如,移动政务实施过程中如何对政府业务的流程进行重组、移动政务的实施对其执政能力和工作绩效的影响、移动政务实施的绩效评估体系构建、移动政务的推广对企业的影响、不同政府部门间信息共享的范围和程度等。

#### 4.2.3 研究方法

从研究方法上看,目前国内移动政务研究中缺乏规范的实证研究,今后中国移动政务研究应该更加注重采用实证的研究方法,诸如案例研究、调查研究和以收集数据为基础的实证研究。同时,在使用规范性分析的过程中,需要在对先前的文献和理论进行全面的梳理和客观评述的基础上,经过系统阐述和严密的推理后提出自己的观点,而不是在没有引入理论来支持自己观点的前提下的空洞论述。

从研究设计上看,国内移动政务的研究尽管也出现了采用实证的研究方法的文献,但这些方法在使用过程中,其研究设计还有待规范。今后在采用问卷调查、案例分析以及实验研究的实证研究方法时,应该注意设计出科学、可行的研究方案,并遵照科学的研究方法来推演出研究结论,并根据研究结果提出有针对性的措施建议。

## 5 研究总结

### 5.1 研究结论

以题名中含有"移动政务"为检索条件,通过对中国知网、万方和维普三大中文数据库中的文献进行检索和分析后,我们发现,目前中国移动政务的研究主要呈现出以下特点:

(1) 移动政务的相关文献从2002年开始出现，其研究近年来已经引起了越来越多学者的关注。论文的来源期刊整体层次不高，研究尚需进一步提升和凝炼。大多数研究的学科性质属于管理学科和计算机学科，多学科的交叉研究较少。

(2) 在研究方法上以实证研究方法中的工具开发和非实证研究为主，以案例研究和调查研究为辅。大多数实证研究缺乏规范的研究设计，而非实证研究则缺乏有力的理论基础和缜密的逻辑推理。

(3) 在研究主题上侧重于政务理论和政务技术的研究，轻视政务应用的研究。进一步分析后发现，在政务理论部分，针对目前移动政务概念内涵及发展现状等一般性的问题进行定性分析的较多，而对于移动政务实施过程中政府和用户使用行为方面的研究较少；在政务技术方面，对于政务中间件的研究较多，而对无线基础设施和移动终端设备的研究较少；在政务应用方面，只是出现了一些简单地介绍移动政务的应用案例。

(4) 从政务类别看，针对个体层次的G2C和G2E的研究相对较多，而针对组织层次的G2B的研究较少，而且没有出现针对组织层次的G2G的研究。从总体上看，更多的研究只是讨论一般意义上的移动政务，而不涉及具体的移动政务类型。

(5) 以英文形式发表的研究中国移动政务的论文较少，且全部是会议论文。从研究主题和研究内容上看，其研究比已发表的中文论文广泛和深入。而在国内中文期刊上只是出现了简单介绍国外移动政务的成功案例，缺乏规范的研究设计和深入的逻辑分析。

## 5.2 研究意义

移动政务的研究作为一个新兴的研究领域，目前国内学者针对移动政务的研究还不够系统和深入。本研究通过对三大中文数据库中与移动政务相关的文献进行检索，对收集到的文献样本进行多维度的定量分析，得出了一系列的研究结论。其理论意义在于这些分析结果将有助于国内学者迅速地从总体上把握目前国内移动政务研究的现状和特征，能够认识到目前研究的不足，并发现其中潜在的有价值的研究领域。同时，本文还针对未来可能的研究领域从移动政务理论、移动政务技术和移动政务应用三个方面进行了探讨，为未来的研究者指明了研究方向。

其实践意义在于本文还从政务技术和政务应用的视角为移动政务的发展提出了一些可操作化的具体建议，例如，为了促进移动政务的发展，需要解决移动终端设备屏幕小、存储小和网速慢的难题；需要对国内外移动政务的典型案例进行全面、深入的剖析，总结和归纳各类案例的成功经验，为我国全面、深入地推进移动政务的发展积累经验；今后的移动研究应该注重以实用导向为主，发挥移动政务在推动政府信息化建设过程中的作用等。

## 5.3 本研究的局限性

本文的研究是建立在文献分析的基础之上，其主要局限性表现在以下两个方面：

(1) 以论文题目中含有“移动政务”为检索关键词来收集文献，这极有可能遗漏那些文章题目中不含有“移动政务”关键词而论文内容是在探讨移动政务的文献，这将对本研究结论的可信度产生一定的影响。今后需要以多种检索条件组合的方式来检索文献，如以论文主题、关键词、论文摘要和论文题目中含有“移动政务”的方式进行分别检索，从而扩大收集文献的广度，提高研究结论的可信度。

(2) 我们对移动政务相关文献不同维度的分析是建立在对文献内容和摘要进行阅读的基础上的。由于相关文献主题分散与边界模糊，研究自身和学科体系的特点和我们自身认识水平的原因，可能会导致部分文献的归类错误。针对这一问题，今后需要将文献分给两位以上的研究人员进行通读和分析，对难以把握的文献进行深入的讨论和剖析，以使分类错误降到最低水平。

# 参考文献

[1] 中国互联网络信息中心(CNNIC). 第26次中国互联网络发展状况统计报告[EB/OL]. http://research.cnnic.cn/html/1279173730d2350.html. (2010-07-15).

[2] Lee S, Tang X, Trimi, S. M-Government, from rhetoric to reality: Learning from leading countries [J]. International Journal of E-government, 2006, 3(2): 113-126.

[3] 赵豪迈，白庆华. 电子政务悖论与政府管理变革[J]. 公共管理学报，2006，3(1)：34-39.

[4] Gonzalez R, Gasco J, Lopis J. E-government success: Some principles from a Spanish case study, Industrial[J]. Management & Data Systems, 2007, 107(6): 845-861.

[5] Yoojung K, Yoon J, Park S, et al. Architecture for implementing the mobile government services in Korea[J]. Lecture Notes in Computer Science, 2004(3289): 601-612.

[6] Trimi S, Sheng H. Emerging trends in M-government[J]. Communications ACM, 2008, 51(5): 53-58.

[7] 董新宇，苏竣. 电子政务与政府流程再造[J]. 公共管理学报，2004，1(4)：46-52.

[8] Nuthall P, Lussanet M, Wilkos D. Mobile Internet users lead in advanced mobile services'adoption in Europe[J]. Forrester Research, 2008(5): 31-38.

[9] 艾瑞咨询集团. 2010年中国移动电子商务市场研究报告[R]. 艾瑞调查报，2010，1-60.

[10] 黄慧，王欣. 论移动政务的应用和发展[J]. 2010，22(2)：112-115.

[11] 汪应洛. 中国移动商务研究和应用的研究现状和展望[J]. 信息系统学报，2008，2(2)：1-9.

[12] Min Q, Ji S. A meta-analysis of mobile commerce research in China (2002—2006) [J]. International Journal of Mobile Communications, 2008, 6(3): 390-403.

[13] 黄伟，王润孝，史楠等. 移动商务研究综述[J]. 计算机应用研究，2006(10)：4-5.

[14] 姚国章. 移动电子政务发展与展望[J]. 电子政务，2010(12)：11-21.

[15] Fettke P. State of the art of the state of the art: A study of the research method review in the information systems discipline[J]. Wirtschaft Sinformati, 2006(48): 257-266.

[16] 杜荣，瑞肖泽，忠周，齐武. 中国管理会计研究述评[J]. 会计研究，2009(9)：72-81.

[17] 刘咏梅，王琦，彭连刚. 中国知识管理研究现状综述与趋势分析[J]. 研究与发展管理，2009(4)：31-38.

[18] 周玲强，张文敏. 2000年以来我国旅游规划研究领域热点问题综述[J]. 浙江大学学报(人文社科版)，2009(10)：30-39.

[19] DeLone W H, McLean E R. Information systems success: The quest for the dependent variable[J]. Information Systems Research, 1992, 3(1): 60-95.

[20] DeLone W H, McLean E R. The DeLone and McLean model of information systems success: A ten-year update[J]. Journal of Management Information Systems, 2003, 19(4): 9-30.

[21] Ngai E W T, Gunasegaram A. A review for mobile commerce research and applications[J]. Decision Support Systems, 2007, 43(1): 3-15.

[22] Aloini D, Dulmin R, Mininno V. Risk management in ERP project introduction: Review of a literature[J]. Information & Management, 2007(44): 547-567.

[23] Grieger M. Electronic marketplaces: A literature review and a call for supply chain management research[J]. European Journal of Operational Research, 2003(144): 280-294.

[24] Urbach N, Smolnik S, Riempp G. The state of research on information systems success—A review of existing multidimensional approaches[J]. Business & Information systems engineering, 2009, 1(4): 315-325.

[25] Hong Jong-yi, Suh Eui-ho, Kim Sung-Jin. Context-aware systems: A literature review and classification[J]. Expert Systems with Applications. 2009(36): 8509-8522.

[26] 季绍波，闵庆飞，韩维贺. 中国信息系统(IS)研究现状和国际比较[J]. 管理科学学报，2006，9(2)：76-84.

[27] 姚国章，国际、国内政府电子化服务研究进展[J]. 公共管理学报，2006，3(1)：40-44.

[28] 移动政务实验室. 首届中国移动政务研讨会[EB/OL]. http://mobilecomputing.ctocio.com.cn/news/394/6388394.shtml. (2006-04-30).

[29] Workstar. 百度百科-电[EB/OL]. http://baike. baidu. com/view/2056. htm. (2010-09-15).
[30] Thunibat, Ahmad Al, Zin et al. Mobile government services in Malaysia: Challenges and opportunities[J]. Information Technology, International Symposium, 2010, 3(1): 1244-1249.
[31] Al-Khamayseh S, Lawrence E. Towards citizen centric mobile government services: A roadmap[C]. Collaborative Eloctronic Commerce Technology and Research, Basel, Switzerland, 2006: 137-147.
[32] Benbasat I, Goldstein D K, Mead M. The case research strategy in studies of information systems[J]. MIS Quarterly, 1987, 11(3): 369-386.
[33] Davis F D. Perceived usefulness, perceived ease of use, and user acceptance of Information technology[J]. MIS Quarterly, 1989, 13(3): 319-39.
[34] Gefen D, Straub D W. The relative importance of perceived ease-of-use in is adoption: A study of e-commerce adoption[J]. Journal of the Association for Information Systems. 2000, 1(8): 1-28.
[35] Ko E, Kim EY, Lee E K. Modeling consumer adoption of mobile shopping for fashion products in Korea[J]. Psychology & Marketing, 2009, 26(7): 669-687.
[36] Fang X. Moderating effects of task type on wireless technology acceptance[J]. Journal of Management Information Systems, 2005, 22(3): 123157.
[37] Gaedeke R M, Tootelian D H. The fortune 500 list—An endangered species for academic research[J]. Journal of Business Research, 1976, (4): 283-288.
[38] 朱远程，马栋. 谈结构方程的应用策略[J]. 商业时代，2010(6)：73-74.
[39] Du H Y, Lu T J, Liu J L, et al. The consider on the construction of mobile city combined with mobile computing technology: A case of mobile government[C]. The 2nd International Conference on Net Working and Digital Society, Wenzhou, 2010: 101-104.
[40] Li X J, Guan Z L, Fan L. Analysis of mobile government's influences on government managements[J]. The 1st International Conference on Management and Service Science, Wuhan, 2009: 1-4.
[41] Zhang N, Guo X H, Chen G Q. The cultural perspective of mobile government terminal acceptance: An exploratory study in China[C]. The 12th Pacific Asia Conference on Information Systems, Suzhou, 2008: 1-9.
[42] Wang F Y, Zhang H, Xu G P. Design and realization of mobile government information services platform based on SMS[C]. The Sixth International Conference on Networked Computing and Advanced Information Management, Seoul, Korea, 2010: 501-504.
[43] Luo R, Zhang M X. Elasticity government affair workflow based on mobile agent[C]. E-Business and Information System Security, Wuhan, 2009: 1-3.
[44] 黄璜. 移动政务：价值、应用与技术分析[J]. 信息化建设，2006(5)：44-45.
[45] Chellappa R K, Pavlou P A. Perceived information security, financial liability and consumer trust in electronic commerce transactions[J]. Logistics Information Management, 2002, 15(5): 358-368.
[46] Ko E, Kim E Y, Lee E K. Modeling consumer adoption of mobile shopping for fashion products in korea[J]. Psychology & Marketing, 2009, 26(7): 669-687.
[47] 李阳晖，罗贤春. 国外电子政务服务研究综述[J]. 公共管理学报，2008，5(4)：116-128.
[48] Wang, Y S. Assessing e-commerce systems success: A respecification and validation of the DeLone and McLean model of IS success[J]. Information systems Journal, 2008, 18(5): 529-557.

## Status and Characteristics of M-government Research in China

WANG Changlin[1], FENG Yuqiang[1], FANG Runsheng[1,2], LIU Luning[1]

(1. School of Management, Harbin Institute of Technology, Harbin, 150001, China;
2. Zhongyuan University of Technology, Henan Zhengzhou, 45006)

**Abstract** This paper summarizes the current research on M-government in China, the results shows that the main characteristics and limitations based on literature research. According to these analysis, we points out future research in this field from research topic, research methods and research level. Implications for theory and practice as well as limitations are also discussed.

**Key words** M-government, M-commerce, E-government, E-commerce, Literature analysis

**作者简介**

王长林（1982— ），男，哈尔滨工业大学管理学院博士研究生，研究方向为移动商务与政务。

冯玉强（1961— ），男，哈尔滨工业大学管理学院教授，博士生导师，研究方向包括电子商务、决策支持系统。

方润生（1963— ），男，中原工学院教授，研究方向包括企业战略、服务管理与创意文化。

刘鲁宁（1983— ），男，哈尔滨工业大学管理学院博士研究生，研究方向为企业信息化。

# 信息系统研究中的"匹配"理论综述*

闵庆飞　王建军　谢　波
(大连理工大学管理与经济学部，大连 116024)

**摘　要**　匹配思想在人类意识体系中有着非常重要的地位。无论是广义上的管理学研究还是信息系统(IS)研究中，都有大量体现匹配思想的理论，用以指导人们更好地实现社会、组织、人、任务、技术、工具之间的匹配，以达到最好的绩效。本文系统综述了IS研究中以匹配思想为基础的系列理论，通过回顾其提出背景、对匹配的理解、主要理论构面以及相关验证性研究，试图厘清IS学科中匹配理论的发展脉络，探讨匹配理论的最新发展，希望给出匹配理论的全貌，为今后更好地应用匹配理论进行IS研究打下基础。

**关键词**　匹配理论，信息系统，决策论学派，社会技术学派

**中图分类号**　C931.6

中西方文化都重视匹配(fit)，例如，我们讲究"门当户对"、"没有金刚钻，别揽瓷器活"；西方人说：Survival of the fittest(适者生存)。只有人与自然之间、组织与社会之间、人与人之间、技术(工具)与任务之间都匹配，才会有好的结果。可以说，匹配思想在人类意识体系中有着非常重要的地位。由此，无论是广泛意义上的管理学研究还是信息系统研究中，都有大量体现匹配思想的理论和模型，用以指导人们更好地实现社会、组织、人、任务、技术、工具之间的匹配，以达到最好的绩效。本文旨在系统综述IS研究中以匹配思想为基础的系列理论，通过回顾其提出背景、对匹配的理解、主要理论构面及其相关验证性研究，试图厘清IS学科中匹配理论的发展脉络，给出匹配理论的全貌，为今后更好地应用匹配理论进行IS研究打下基础。

## 1　管理研究中的匹配思想和定义

匹配在很多管理研究的理论构建中都占据重要地位。比如，组织管理研究中认为组织与外部环境相适应(或匹配)时组织绩效才能得以实现[1]。在战略管理文献中，匹配常常是理论核心，也是许多管理学科发展中层理论(middle range theories)的主要推动力[2]。起初，许多研究在匹配概念定义上并不明确，由此导致了一系列操作和统计检验问题。后来的研究者们做了许多对匹配概念的总结性研究，广为接受的是Van De Ven和Drazin以及Venkatraman和Camillus的研究成果。前者从结构权变理论(structural contingency theory)的角度，归纳出三种对匹配的理解方式：选择方式(selection approach)、交互方式(interaction approach)、系统方式(system approach)，并对这三种方式进行了详细阐述，给出了每种方式相对应的检验方法并分别加以实证检验[3,4]。后者对战略管理研究文献中的匹配观点加以分类，认为如果要使用某个明确的匹配概念需要确定两件事：一是要决定理论关系的精确程度，也就是多详细地描述构成匹配的变量；二是要确定匹配是否指向某个特定的因变量。根据这

* 基金项目：国家自然科学基金项目(71072108、70902033)。
通信作者：闵庆飞，大连理工大学管理与经济学部、副教授，E-mail：minqf@dlut.edu.cn。

两个维度，将战略管理文献中的匹配观点分成了六个类别，即调节（moderation）、中介（mediation）、特征偏离（profile deviation）、适合（matching）、完全形态（gestalts）、共变（covariation），并给出了具体解释以及相对应的统计检验方法[5]。其中，前三种“匹配”与因变量关联，而后三种不与因变量关联。表1中给出了 Venkatraman 归纳的六种匹配观点的详细解释[5]。

**表1 Venkatraman 归纳的六种匹配观点**

| 观 点 | 内涵描述 | 观 点 | 内涵描述 |
|---|---|---|---|
| 调节作用（moderation） | 自变量对因变量的影响作用取决于第三个变量的水平，即调节变量的水平；<br>自变量与调节变量之间的匹配是因变量的主要决定因素 | 适合（matching） | 匹配是理论上定义的两个相关变量间的相配关系 |
| 中介（mediation） | 自变量与因变量之间存在明显的干涉机制，即间接影响作用 | 共变（covariation） | 匹配是一组与理论相关的变量之间的共变模式或内部一致性 |
| 特征偏离（profile deviation） | 匹配是与特定情境下定义的特征组合相符合的程度 | 完全形态（gestalts） | 定义为一组理论属性达到内部一致性的程度，包含许多变量 |

上述两种分类框架虽然分析角度不同，却有相通之处，比如，交互方式与调节观点在含义上接近，给出的验证方法也类似。不同的是，后一种分类的标准更细化，便于理论构建者选择适合自己研究情境的匹配概念。

## 2 IS 研究中的匹配理论

先进的信息技术为人们的日常工作提供了极大的便利，并且已经广泛应用于组织的各项任务中。究竟信息技术在何种程度上并且如何影响组织绩效，是 IS 学者们一直以来的研究课题。为此，学者们建立了一系列的理论、模型来加以理解和阐述。这些理论大体上可以分为三个学派：一是以技术为主导地位的决策论学派（decision-making school）：二是更重视人类组织中各结构（structures）的社会演进的制度学派（institutional school）；三是社会-技术学派（social-technology school），尝试将两个学派的观点进行整合，形成第三种学派[6]。

决策论学派强调技术对组织改变的决定性作用，认为技术能够弥补人类的缺陷，一经应用即可为个人和组织带来生产力、效率、满意度上的提高。持这类观点的学者通常以技术工程为视角，将认识过程结合社会心理学建立理论模型，探讨技术与组织改变的关系。其中一个主流研究方式就是建立任务-技术匹配（task-technology fit，TTF）模型，探索任务需求与技术之间的匹配来解释和预测绩效结果。与之相反，制度学派则较少强调技术的作用，他们将技术视为带来改变的机会而不是自变量[6]。制度学派不以技术为讨论中心，更重视人际交互作用（而不仅仅是技术本身）。结合以上两个学派的看法，社会-技术学派的学者对此持一种整合观点，综合考虑技术与社会交互对组织的影响，并不偏重于某一方面的作用。例如，社会技术系统理论（socialtechnical system theory）认为先进信息技术对组织的影响取决于如何将社会系统与技术系统进行最优组合[7]。

随着研究的深入，研究者们逐渐将“匹配”思想融入理论构建当中，特别是在决策论学派和社会-技术学派中，出现了一系列以信息技术特征与任务特征之间的匹配为讨论核心的理论模型。从最初的简单说明到后来的系统讨论，各理论对匹配概念的使用也越加规范化，本文将对决策论学派和社会-技术学派中的匹配理论进行回顾。

## 2.1 决策论学派的匹配理论

(1) 媒体丰富度理论

在各种研究计算机媒体对任务绩效影响的研究中，媒体丰富度理论(media richness theory, MRT)[8]是成型较早的理论。从其发表至今受到大批学者的关注，并围绕 MRT 展开了各种验证性和不同应用情境下的研究。MRT 最初并没有将计算机媒体的使用包含在内，而是随后来的研究追加到 MRT 讨论范围内[9]。Daft 等将组织管理研究中不确定性(uncertainty)和多义性(equivocality)概念整合到组织对信息处理的需求当中[10]，其中，不确定性是指信息不充足的状态；多义性是指对相同信息存在不同理解。并进一步提出信息丰富度(information richness)[后称媒体丰富度(media richness)]的概念，即媒体在给定时间内改变人们认识(促进人们达成共识)的能力，并认为各种媒体在丰富度上是不同的[10]。对于不确定性高的任务只要获得充足的信息就可以达到良好的任务绩效，因而适合使用丰富度低的媒体；而在完成多义性高的任务时则需要使用媒体丰富度高的媒体来帮助人们达成共识。MRT 将媒体丰富度作为媒体自身的固有特征，并将各媒体的丰富度进行了排序。这种定义方式为实验室研究的操作提供了方便，但在一定程度上限制了 MRT 的解释能力。MRT 发表后一度掀起了研究热潮，学者们纷纷进行实证研究来验证 MRT，或者检验某个单一媒体对绩效的影响。在众多的研究中，有些研究结果支持 MRT 的观点[11,12][16]，而另一些却并不支持[17]或只是部分支持[18-20]，总体说来，其实证验检结果并不令人满意。

(2) 技术-媒体匹配假设

如果说 Daft 等在任务类型的区分上有一定的局限性(不确定性与多义性两个维度)，McGrath 等人提出的任务-媒体匹配假设(task-media fit hypnoses, TMF)[21]则可以说是对 MRT 的一种扩展。基于对任务类型的深入研究，McGrath 等提出了目标导向团队的四种基本任务类型：生成任务(generate task)，即产生观点或计划的任务；选择任务(choose task /intellective task)，即有正确答案的选择任务；有偏好的选择任务(preference task)，这涉及主观偏好的判断任务；谈判任务(negotiate task)，即解决冲突和矛盾观点的任务[22]，并提出四种任务类型在何种信息丰富度水平上可达到良好匹配(good fit)，从而获得最佳绩效。例如，他们认为对产生观点的任务来说，只需要传递相关观点就可以，对消息的评价和个体的情绪含义是不需要的甚至是有害的[21]。该模型对媒体丰富度的划分与 MRT 是一致的，也将各媒体分到相应的丰富度水平上。另外，他们认为只有在特定的匹配下绩效才达到最佳，若对某项任务使用超越或低于其最优匹配丰富度的媒体都不会达到同样的绩效。若干实证研究部分验证了 TMF 中的假设[22-24]。

同样，将媒体丰富度作为主要理论构面，上述两个模型在内涵上是一致的。由于核心内容在于对媒体丰富度及对媒体选择的讨论上，因此尽管体现出匹配的思想，但并未做系统讨论或者给出精确概念。从描述方式上看，TMF 对匹配的理解比较接近 Venkatraman 分类中特征偏离的特点，即定义理想化特征组合，并且主张任何偏离理想组合的情况都对绩效有不利影响。

(3) 渠道扩展理论

诸多基于 MRT 的研究可以分为两大类：一类是对 MRT 模型本身的检验；另一类是以 MRT 为基础的媒体选择模型验证[25]。两类研究中都得到了一些与 MRT 预期观点不一致的结论。Carlson 和 zmud 通过对 MRT 进行重构，试图对不一致结果做出合理解释，提出了渠道扩展理论(channel expansion theory, CET)。他们将媒体丰富度理论与社会影响模型中以感知为基础的观点相结合，给出了关于媒体丰富度的动态观点[26]，即丰富度并不是人们过去定义的那样，是每个媒体自身的固有属性[25]，而是与使用者积累的各种知识和经验因素相关联，所形成的人们感知到的媒体丰富度。Calson

和 Zmud 识别出四种相关经验：媒体的使用经验、沟通参与者之间的经验、对消息主题的经验和对组织环境的经验。他们认为，随着参与者对这四种经验的不断获取，他们从同一媒体中得到的丰富信息增多，也就是对媒体丰富度的感知在增加，这一过程称为渠道扩展效应(channel expansion effect)[25]。

对 CET 的后续研究不是很多，集中在对 CET 模型的检验以及各种经验对感知媒体丰富度影响的验证上。Calson 和 Zmud 运用 CET 研究了四种经验知识的增加分别对电子邮件(E-mail)的感知丰富度的影响，结果显示，除了组织情境经验外其他三种经验的增加都会加强对 E-mail 丰富度的感知[27]；Scott 和 Stephen 进行了对比传统媒体(如电话)和新媒体(如即时通讯技术)的 CET 研究，结果验证了四种经验对感知的媒体丰富度的影响作用[28]；另有学者在重复检验了 Zmud 研究结果的基础上进一步检验了四种经验对丰富度的不同维度(迅速反馈、传递多线索、个性化信息、语言多样性)感知的影响[26]。

CET 本身是对 MRT 的强化，将原有的静态丰富度划分出更细的维度，并且加入了更多社会影响因素的作用。但是，该理论模型并未涉及感知丰富度与其他因素之间的匹配。另外，对 CET 的实证研究还比较少，尽管其核心观点得到了验证，但在应用时仍面临许多挑战。

(4) 认知匹配理论

认知匹配理论(cognitive fit theory，CFT)最初用来解释在何种情形下图形和表格这两种信息表达形式在决策制定任务中能取得更好的绩效[29]。先前的研究只关心问题解决的结果(如决策质量、决策信心、满意度)，忽略了问题解决的过程。CFT 是少数试图理解人们解决问题的内部机制的模型[30]。CFT 认为尽管图形和表格都能够表达同一信息内容，但各自强调的方面不同，图形表达方式侧重于空间信息而表格侧重于符号信息。并且，根据便于解决任务的信息类型可将任务划分为空间任务和符号任务。认知匹配就是指当问题的表达方式与任务类型相匹配的状态，当存在认知匹配时，问题解决绩效会得到提高；没有认知匹配时则不会对绩效产生影响。在后来的研究中，Vessey 进一步将个人问题解决技能加入到原有模型中，使 CFT 扩展为问题表征、任务类型、问题解决技能，三者间的匹配共同影响问题解决者的心智表征(mental representation)[31]。

从广泛意义上讲，CFT 可以看做是技术任务匹配对任务绩效影响的探索[31]，模型中的“认知匹配”体现的是简单匹配的思想，尝试将任务特征作为中间变量引入到图形/表格研究当中[29]。CFT 很好地解释了图形/表格对问题解决绩效的影响，其扩展后的模型在一个信息获取任务的研究中得到了验证[31]。CFT 模型提出后，很多学者对其进行了扩展，并且应用到不同领域的研究中，如编程任务[32]、需求分析建模[33]、软件理解与修改[34]等，其中的部分研究验证了认知匹配对任务绩效的影响作用[35,36]。

(5) 任务-技术匹配理论

任务-技术匹配(TTF)在 IS 研究中由来已久，但早期的研究只是泛泛而谈，没有进行系统讨论[37,38]。Goodhue 和 Thompson 1995 年在 Delone 和 McLean 提出的 IS 评价框架[39]的基础上，提出了技术-绩效链模型(technology-to-performance chain，TPC)[40]，第一次正式给出了 TTF 的概念化表达。该模型综合了以往研究中的用户使用和任务技术匹配两大主流观点，认为一种信息技术要想对个人绩效能产生积极影响，则该技术不但要被用户使用，而且要与所支持的任务相匹配[40]。TTF 定义为一种技术辅助个人执行任务的程度。更详细地说，TTF 的前提是任务、技术以及人三者之间的交互作用[41]。Goodhue 对 TTF 的定义和测量都基于一种个人对 IS 评价的视角[41]，其中技术采用一般意义上的定义，而不特指某一类技术，任务也是广泛含义上的行动-产出描述，不采用以往的某种任务分类体系，也就是说，Goodhue 的 TTF 是一个适用于多种技术、任务情境下的理论模型。

1998 年 Zigurs 和 Buckland 提出了针对群组支持系统(group support system，GSS)情境下的

TTF 理论[42],讨论不同任务类型在何种 GSS 技术特征支持下能够获得最佳团队绩效。该理论对任务类型和 GSS 技术相关研究都做了详细的回顾,并且首次对“匹配”进行了充分讨论,辨析了组织战略研究中匹配的六种观点,将 GSS 中的 TTF 定义为由任务因素和 GSS 特性的理想形态组合(ideal profile)[42],越接近这种理想组合,团队的绩效越好。Zigurs 和 Buckland 采用了 Campbell 以任务复杂度的四个维度为依据的五类型任务分类,结合 GSS 技术的三个维度,为各类型任务定义了相应的理想形态,即各类任务在何种 GSS 技术支持下能取得最好的团队绩效。

比较而言,Goodhue 对匹配的理解更倾向于 Venkatraman 总结中的调节作用(moderator),强调技术特性、任务特性以及人的特性三者之间的交互；Zigurs 和 Buckland 对匹配的定义是一种理想形态的组合,这种定义决定了其操作方式:首先要识别任务环境,然后为每种任务定义详细的理想化技术支持,最后检验 TTF 的绩效影响[42]。Goodhue 定义的 TTF 更具有一般意义,没有限定特定的任务、技术情境；Zigurs 的 TTF 是为探讨任务复杂度与 GSS 技术维度之间的关系建立理论基础。因此,两者在应用范围上有一定区别,Goodhue 的 TTF 范围更广,但两者对任务技术间需要适当匹配的基本看法是一致的。

Goodhue 和 Thompson 在提出 TPC 模型的同时,对其中的主要部分行了检验,结果支持了 TTF[40]。Staples 和 Seddon 2004 年在前者的基础上对 TPC 模型进行了进一步验证,结论有力地支持了 TPC 模型[43]。许多研究者将 TTF 应用于不同领域的研究,比如,消费者对电子商务应用系统评价的研究[44]、移动商务应用研究[45]、用户对信息系统持续使用研究等[46,47]。另有学者结合其他理论对 TTF 进行扩展,如 Dishaw 和 Strong 将技术采纳模型与 TTF 结合,提出 TTF 与计算机自我效能感结合后的扩展模型[48]。

Zigurs 等通过回顾以往 GSS 实验研究结论验证了 TTF 的有效性[49]。Murthy 和 Kerr 也在两组实验中检验了 TTF 的有效性,结果显示,使用计算机媒体沟通的团队在产生想法的任务中比面对面沟通团队更出色[50,51]。在近几年的研究中,Zigurs 等在总结以往出现的各种 TTF 理论的基础上对组织层面的技术使用进一步研究,提出了以模式(patterns)思想的理论框架重新审视协同技术(collaboration technology)与团队任务之间的关系[52],并将 TTF 与沟通行为理论相结合,对团队沟通过程中的技术应用进行分析[53]。

## 2.2 社会-技术学派的匹配理论

(1) 适应性结构理论

DeSanctis 和 Poole 在 Orlikoski 技术结构化模型(structuration model of technology)[54]的基础上提出的适应性结构化理论(adaptive structural theory,AST)[6][55]提供了一个用来描述信息技术、社会结构以及人际交互之间相互作用的模型。借鉴著名社会学家 Giddens 的结构化理论(structuration theory),DeSanctis 和 Poole 试图说明技术与社会过程的共同影响作用[56],并提出了两个核心概念:结构(structure)和选用(appropriation)。其中,“结构”定义为技术和制度提供的规则、资源或能力；那些对技术结构进行选择性采用的直接可见的行为称为技术的“选用”[57]。AST 中讨论的结构既有信息技术结构(结构特征和精神实质(spirit)),也有来自于任务和组织环境的结构。另外,小组内部系统特点也会产生新的结构[6]。面对可供使用的诸多结构,小组成员们将决定何时以及怎样选择和使用这种新结构,这种选用可能是忠于设计意图的(faithful)也可能是不忠于设计意图的(unfaithful),其判断标准是成员对技术的某种结构(能力)的选用是否与该技术内在特征结构(feature structure)和精神内涵(spirit)相匹配[6]。小组的最终绩效取决于技术的何种能力被选用,并且这种使用是否忠于设计意图[58]。

AST讨论的主要是先进信息技术将在组织中触发的适应性结构化过程。这一过程将引起组织的社会交互中使用规则和资源的改变，最终影响其决策绩效。通过对两种学派观点的整合，特别是“选用”概念的引入，研究者们认识到了如何使用技术的重要性。由于大量运用了社会学中的概念，AST更具有制度学派的色彩。

AST的提出部分解释了GSS研究中得出的不一致结论[59]，也弥补了制度学派对技术作用重视不足的缺陷。该理论给出了一个涉及诸多概念的大模型，为研究技术对组织/团队影响研究提供了可以广泛应用的框架[60-62]。更进一步，Wheeler和Valacich探讨了诸多中间变量对忠诚选用的影响，给出了过程限制的适应性结构化模型[63]作为原AST的特定化实例，并进行实证检验。

(2) 匹配-选用模型

20世纪90年代兴起的GSS绩效影响研究中，一度出现了许多研究结果上的不一致(常常是相互矛盾的)。尽管有学者利用元分析(meta-analysis)的方法试图对这些相互矛盾的结果给出合理解释，也提出了许多影响绩效的调节变量，如团队规模、团队历史、GSS类型等[58]，但仍缺少一个能说明这些调节作用的整体框架。Dennis等结合决策论学派的TTF理论和制度学派的AST思想，提出了匹配选用模型(fit-appropriation model，FAM)[58]。该模型强调GSS绩效主要受到两大因素的影响：一是任务与所使用的GSS功能之间的匹配；二是GSS功能的选用。他们在对1980—1999年发表的61篇GSS研究进行元分析时发现，当存在任务技术匹配和选用支持时，使用GSS可以增加产生观点的数量、花费更少的时间，并且参与者的满意度更高[58]。另外，GSS功能与任务匹配对结果有效性(决策制量和观点产生数量)影响最大；选用支持对过程(时间和过程满意度)的影响明显。经过元分析对两大因素的检验，以往GSS研究中的不一致结论得到了很好的解释。

FAM沿用了Zigurs中的TTF定义，其主要构面也来自于Zigurs的TTF模型，匹配概念同样采取了理想形态的观点。该模型的建立更多地基于决策论学派的观点。限于对二手数据进行元分析，起初只对FAM做了部分验证[58]，由于构面较多还没有完整模型的实证研究。对FAM的最新研究发现，随着时间的推移，匹配和选用对绩效的影响会发生变化，起初匹配状态不好的团队通过不断调整对GSS的选用，最终绩效与匹配状态良好的团队之间没有差别[64]。

## 2.3 匹配理论的新发展——媒体同步性理论

媒体同步性理论(media synchronicity theory，MST)可以说是有关匹配理论的最新发展。Dennis等在1999年首次提出了MST[65]，最新修正的模型于2008年发表在MISQ上[66]。先前的媒体理论都注意到了任务类型对绩效影响的重要性[10][42][67]，并将任务整体作为变量。然而由此展开的实证研究常常得到不一致的结论。MST用解析的视角看待任务，认为一项任务所需要的沟通过程与媒体能力之间的匹配决定沟通绩效，而不是整体任务本身。根据前人对沟通过程的研究，Dennis等提出了所有任务都需要经历的两个基本沟通过程：信息传递过程(conveyance process)和信息收敛过程(convergence process)。信息传递过程是指传递多种形式的新信息，使接收者建立并修正对当前情况的心智模型的过程；信息收敛过程主要讨论每个人对某一情况形成的理解，是对预处理过信息的讨论，而不是原始信息本身。每项任务中都包含这两种沟通过程，不同任务对两个沟通过程的需求比例有所不同[66]。进一步地，基于Shannon-Weaver的沟通理论提出了五项媒体能力(起初称为媒体特征)：传输速率(transmission velocity)、并行性(parallelism)、符号集种类(symbol sets)、可重编辑性(rehearsability)、可重处理性(reprocessability)。这些能力影响着媒体的同步性能力，即支持小组成员达到共同协作行为模式的能力[66]。媒体同步性能力与沟通过程需求之间的匹配影响着沟通绩效。另外,MST 还加入了可能对这一匹配起调节作用的选用因素,如对媒体的熟悉程度、培训、社会规范和以往经验。修改后的 MST 还应用了时间-交互-绩效(time-interaction-performance,TIP)理论,用以理解沟通过程需求随成员关系发展的变化,以及随时间变化小组对沟通过程需求的改变。

MST 是个很全面的模型,将任务和沟通媒体进行细化,并且考虑到选用因素可能产生的影响。同时,MST 也是一个将决策论学派与制度学派相结合的理论,但它更强调技术的作用。区别于以往的模型,MST 关注的是匹配对沟通绩效的影响,而不是任务绩效,尽管有理论关注媒体的使用效果(如 MRT),但 MST 却是明确将沟通绩效作为因变量。

MST 模型并没有对匹配概念进行系统讨论和定义,从表达方式上看其理解与 Zigurs 的 TTF 相同,是对匹配理想形态的定义,即在何种沟通过程需求时采用何种程度的同步性能得到好的沟通绩效。自初始模型发表至今,MST 已在若干研究中使用:Murthy 和 Kerr 在团队情境下对部分初始 MST 模型进行检验,尽管其实验设计将任务作为整体处理,但其结论在基本上支持 MST 的观点[68];Carlson 和 George 利用 MST 中的部分构面探讨欺骗情境下的沟通[69]。但到目前为止,不论对初始的 MST 还是修改后的模型,都没有研究对其进行完整的验证[66]。

# 3 IS 研究中匹配概念的演进和总结

尽管在理论构建中都用到"匹配"一词,但各理论中对其具体含义的理解并不相同,表 2 总结出了以上理论中对"匹配"的定义情况,从提出时间上看,"匹配"理论的发展有从决策论学派为主导逐渐转向社会-技术学派的倾向;从"匹配"概念的使用上看,其也由最初的简单匹配思想发展为以特征偏离为主的精确定义。其中,决策论学派的理论发展相对较早,也最早意识到任务情境与技术特征匹配的重要性,由此尝试将匹配的思想引入理论构建中。但最初对"匹配"的解释通常都是泛泛而谈,并不在理论模型中做详细讨论。例如,由媒体丰富度理论发展而来的媒体匹配假设,虽然符合特征偏离的定义,然而囿于当时信息技术的水平,并未对技术特征进行维度划分,因而所提的理论假设相对简单,各种任务类型中技术特征组合定义也较为单一。此后发展起来的认知匹配理论和任务-匹配理论对"匹配"概念的分析更加深入,特别在 Zigurs 的理论模型中对"匹配"的各种含义做了详细归纳和解释,为后续理论的提出打下了基础。

**表 2 各理论"匹配"概念总结**

| 决策论学派 | | 社会-技术学派 | |
|---|---|---|---|
| 理论名称 | 匹配概念 | 理论名称 | 匹配概念 |
| 媒体丰富度理论<br>(Daft,1984) | 特征偏离 | 适应性结构理论<br>(DeSanctis & Poole,1994) | 适合 |
| 认知匹配理论<br>(Vessey,1991) | 适合 | 匹配-选用模型<br>(Dennis,2001) | 特征偏离 |
| 任务-技术匹配<br>(Goodhue,1995) | 调节作用 | 媒体同步性理论<br>(Dennis,2008) | 特征偏离 |
| 任务-技术匹配<br>(Zigurs,1998) | 特征偏离 | | |

随着研究的不断深入，社会-技术学派既保留了决策论学派中技术的影响作用，也将社会学派中的演进思想引入理论构建中，其中的“匹配”概念则大多沿用了任务-技术匹配理论的特征偏离的定义，并且为不同任务情境下的技术特征组合给出了十分详细的界定。更重要的是，社会-技术学派的匹配理论加入了真实情境中技术是如何被使用的考虑，即技术与使用者之间的互动。特别是最新提出的媒体同步性理论，应用TIP理论讨论随时间推移和团队发展对技术需求的变化，指出不存在某一最佳技术，团队成员的熟悉程度以及团队的其他特征（如社会规范）也会影响不同任务情境中的技术特征组合。

## 4 研究启示

管理研究很早就开始出现匹配的概念，从最初的各执一词到几位学者对其概念化工作的归纳性研究，为匹配理论的发展提供了良好的理论基础。随着IS研究对信息技术对组织影响的深入讨论，越来越多的学者在理论开发时引入匹配的概念，由此形成了一系列相关研究。从其发展过程不难看出，先前理论验证结果中的不一致结论是新理论发展的动力，特别是决策论学派中的理论发展。随着原有TTF理论中不一致结果的出现，学者们开始将制度学派中的“选用”概念引入模型中。更多的学者意识到技术的决定作用并不能解释全部的绩效影响，显出向社会-技术学派靠拢的趋势。

匹配理论历经几十年的发展，已经比较成熟。但由于其强大的内在逻辑性，匹配理论依然在IS研究中扮演着主要角色。目前，在虚拟团队、新技术影响与采纳、电子商务/移动商务等各个研究领域，都可见运用匹配理论的高水平研究成果涌现。可以预见的是，匹配理论自身还会不断发展和完善，对匹配理论的验证、应用性研究也必将在IS学科中继续占有重要位置。而我们尤其看好MST应用前景，正如Schiller和Mandviwalla(2007)对MST的评价和分析[70]，MST在学术积累（cumulative nature of science）、解释能力（explanatory power）、预测能力（predictive power）、试用范围（cope or generalizability）、可测试性（testability）、启发价值（heuristic value）等方面，都表现得不错，值得我们对其加以关注和运用。从已有的研究成果来看，MST为团队使用异步沟通媒体完成复杂任务给出了解释，展示了其潜在的可应用性，特别是在虚拟沟通情境中的应用潜力[71]。

本文通过系统综述IS研究中以匹配思想为基础的系列理论，试图厘清匹配理论的发展脉络，探讨匹配理论的最近进展，为国内同行今后更好地应用匹配理论抛砖引玉。

## 参考文献

[1] Ensign P C. The concept of fit in organizational research[J]. International Journal of Organization Theory & Behavior，2001，4(3/4)：287-306.

[2] Venkatraman N，Camillus J C. Exploring the concept of“fit”in strategic management[J]. Academy of Management Review，1984，9(3)：513-525.

[3] Van De Ven A H，Drazin R. The concept of fit in contingency theory [J]. Research in Organizational Behavior，1985(7)：333-365.

[4] Drazin R，Van De Ven A H. Alternative forms of fit in contingency theory[J]. Administrative Science Quarterly，1985(30)：514-539.

[5] Venkatraman N. The concept of fit in strategy research：Toward verbal and statistical correspondence[J]. Academy of Management，1989，14(3)：423-444.

[6] DeSanctis G，Poole M S. Capturing the complexity in advanced technology use：Adaptive structuration theory[J].

Organization Science,1994,5(2): 121-147.
[7] Bostrom R P,Heinen S J. MIS problems and failures: A socio-technical perspective part Ⅱ: The application of sociotechnical theory[J]. MIS Quarterly,1977,1(4): 11-28.
[8] Daft R L,Lengel R H. Information richness: A new approach to managerial behavior and organization design[J]. Research in Organizational Behavior,1984(6): 191-233.
[9] Dennis A R,Kinney S T. Testing media richness theory in the new media: The effects of cues,feedback,and task equivocality[J]. Information System,Research,1998,9(3): 256-274.
[10] Daft R L, Lengel R H. Organizational information requirements media richness and structural design[J]. Management Science,1986,32(5): 554-571.
[11] Daft R L, Lengel R H, Trevino L K. Message equivocality media selection, and manager performance: implications for information systems[J]. MIS Quarterly,1987,11(3): 355-366.
[12] Trevino L K,Lengel R H,Daft R L. Media symbolism,media richness,and media choice in organizations[J]. Communication,Research,1987,14(5): 553-574.
[13] Russ G,Daft R,Lengel R. Media selection and managerial characteristics in organizational communications[J]. Management Communication Quarterly,1990,4(2): 151-175.
[14] Trevino L K, Daft R L, Lengel R H. Understanding managers'media choices: A symbolic interactionist perspective[M]// Fulk J, Steinfeld C W. Organizations and Communication Technology. California, Sage Publications,1990: 71-95.
[15] Whitfield J,Lamont B,Sambamurthy V. The effects of organization design on media richness in multinational enterprises[J]. Management Communication Quarterly,1996,10(2): 209-226.
[16] Zack M. Electronic messaging and communication effectiveness in an ongoing work group [J]. Information Management,1994,26(4): 231-241.
[17] Lee A. Electronic mail as a medium for rich communication: An empirical investigation using hermeneutic interpretation[J]. MIS Quarterly,1994,18(2): 143-157.
[18] Dennis A R,Kinney S T. Testing media richness theory in new media: The effects of cues,feedback,and task equivocality[J]. Information Management Research,1998,9(3): 256-274.
[19] Markus M L. Electronic mail as the medium of managerial choice[J]. Organization Science,1994,5(4): 502-527.
[20] Robert L P,Dennis A R. Paradox of richness: A cognitive model of media choice[J]. IEEE Transactions on Professional Communication,2005,48(1): 10-21.
[21] McGrath J E,Hollingshead A B. Putting the“group”back in group support systems: Some theoretical issues about dynamic processes in groups with technological enhancements[M]. Jessup L M, Valacich J S. Group Support Systems: New perspectives. New York,Macmillan,1993: 78-96.
[22] McGrath J E. Groups: Interaction and Performance[M]. New Jersey: Prentice Hall,1983.
[23] Mennecke B E,Valacich J S,Wheeler B C. The effects of media and task on user performance: A test of the task-media fit hypothesis[J]. Group Decision and Negotiation,2000,9(6): 507-529.
[24] Tan B Y,Wei Kwok Kee,Sia Choon Ling,et al. A partial test of the task-medium fit proposition in a group support system environment[J]. ACM Transactions on Computer-Human Interaction,1999,6(1): 47-66.
[25] Carlson J R, Zmud R W. Channel expansion theory: A dynamic view of media and information richness perceptions[C]. Academy of Management Best Papers Proceedings,1994.
[26] Timmerman C E,Madhavapeddi S N. Perceptions of organizational media richness: Channel expansion effects for electronic and traditional media across richness dimensions [J]. IEEE Transactions on Professional Communication,2008,51(1): 18-32.
[27] Carlson J R,Zmud R W. Channel expansion theory and the experiential nature of media richness perceptions[J]. The Academy of Management Journal,1999,42(2): 153-170.
[28] Urso C D,Rains S A. Examining the scope of channel expansion: A test of channel expansion theory with new and traditional communication media[J]. Management Communication Quarterly,1998,21(4): 486-507.

[29] Vessey I. Cognitive fit: A theory-based analysis of the graphs versus tables literature[J]. Decision Sciences, 1991,22(2): 219-241.

[30] Chandra A, Krovi R. Representational congruence and information retrieval towards an extended model of cognitive fit[J]. Decision Support Systems,1999,25(4): 271-288.

[31] Vessey I, Galletta D. Cognitive fit: An empirical study of information acquisition[J]. Information Systems Research,1991,2(1): 63-84.

[32] Sinha A P, Vessey I. Cognitive fit: An empirical study of recursion and iteration[J]. IEEE Transacitons on Software Engineering,1992,18(5): 368-379.

[33] Agarwal R, Sinha A, Tanniru M. Cognitive fit in requirements modeling: A study of object and process methodologies[J]. Journal of Management Information Systems,1996,13(2): 137-148.

[34] Shaft T M, Vessey I. The role of cognitive fit in the relationship between software comprehension and modification[J]. MIS Quarterly,2006,30(1): 29-55.

[35] Umanath N S, Vessey I. Multiattribute data presentation and human judgment: A cognitive fit perspective[J]. Decision Sciences,1994,25(5): 795-823.

[36] Smelcer J B, Carmel E. The effectiveness of differential representations for managerial problem solving: Comparing tables and maps[J]. Decision Sciences,1997,28(2): 391-420.

[37] Jarvenpaa S, Dickson G W. Graphics and managerial decision making: Research based guidelines[J]. Communication of the ACM,1988,31(6): 764-774.

[38] Jarvenpaa S L. The effect of task demands and graphical format on information processing strategies[J]. Management Science,1989,35(3): 285-303.

[39] Delone W H, Mclean E R. Information systems success: The quest for the dependent variable[J]. Information Systems Research,1992,3(1): 60-95.

[40] Goodhue D L, Thompson R L. Task-technology fit and individual performance[J]. MIS Quarterly,1995,19(2): 213-236.

[41] Goodhue D L. Understanding user evaluation of information system[J]. Management Science,1995,41(12): 1827-1844.

[42] Zigurs I, Buckland B K. A theory of task/technology fit and group support systems effectiveness[J]. MIS Quarterly,1998,22(3): 313-334.

[43] Staples D S, Seddon P. Testing the technology-to-performance chain model[J]. Journal of Organizational and End User Computing,2004,16(4): 17-36.

[44] Well J D, Sarker S, Urbaczewski A, et al. Studying customer evaluations of electronic commerce applications: A review and adaptation of the task-technology fit perspective[C]. Proceedings of the 36th Hawaii International Conference on System Sciences,2003.

[45] Lee Ching-Chang, Cheng Hsing Kenneth, Cheng Hui-Hsin. An empirical study of mobile commerce in insurance industry: Task-technology fit and individual differences[J]. Decision Support Systems,2007,43(1): 95-110.

[46] Larsen T J, Sørebø A M, Sørebø. The role of task-technology fit as users'motivation to continue information system use[J]. Computers in Human Behavior,2009,25(3): 778-784.

[47] Dishaw M T, Strong D M. Supporting software maintenance with software engineering tools: A computed task/technology fit analysis[J]. The Journal of Systems and Software,1998,44(2): 107-120.

[48] Strong D M, Dishaw M T, Bandy D B. Extending task technology fit with computer self-efficacy[J]. The DATA BASE for Advances in Information Systems,2006,37(2/3): 96-107.

[49] Zigurs I, Buckland B K, Conolly J R, et al. A test of task-technology fit theory for group support systems[J]. The DATA BASE for Advances in Information Systems,1999,30(3/4): 34-50.

[50] Murthy U S, Kerr D S. Task-technology fit and the effectiveness of group support systems: Evidence in the context of tasks requiring domain specific knowledge[C]. Proceedings of the 33rd Hawaii International Conference on System Sciences,2000.

[51] Kerr D S, Murthy U S. Divergent and convergent idea generation in teams: A comparison of computer-mediated and face-to-face communication[J]. Group Decision and Negotiation, 2004, 13(4): 381-399.

[52] Zigurs I, Khazanchi D. From profiles to patterns: A new view of task-technology fit[J]. Information Systems Management, 2008, 25(1): 8-13.

[53] Germonprez M, Zigurs I. Task, technology, and tailoring in communicative action: An in-depth analysis of group communication[J]. Information and Organization, 2009, 19(1): 22-46.

[54] Orlikowsk W J. The duality of technology: Rethinking the concept of technology in organizations [J]. Organization Science, 1992, 3(3): 398-425.

[55] Poole M S, DeSanctis G. Understanding the use of group decision support systems: The theory of adaptive structuration[M]// Fulk J, Steinfeld C. Organizations and Communication Technology. California: Sage Publications, 1990: 173-193.

[56] Jones M R, Karsten H. Giddens's structuration theory and information systems research[J]. MIS Quarterly, 2008, 32(1): 127-157.

[57] Ollman B. Alienation: marx's Conception of Man in Capitalist Society[M]. Cambridge: Cambridge University Press, 1971.

[58] Dennis A R, Wixom B H, Vandenberg R J. Understanding fit and appropriation effects in group support systems via meta-analysis[J]. MIS Quarterly, 2001, 25(2): 167-193.

[59] Chudoba K M. Appropriations and patterns in the use of group support systems[J]. The DATA BASE for Advances in Information Systems, 1999, 30(3/4): 131-148.

[60] Hill N S, Bartol K M, Tesluk P E, et al. Organizational context and face-to-face interaction: Influences on the development of trust and collaborative behaviors in computer-mediated groups[J]. Organizational Behavior and Human Decision Processes, 2009, 108(2): 187-201.

[61] Gopal A, Bostrom R P, Chin W. Applying adaptive structuration theory to investigate the process of group support systems use[J]. Journal of Management Information Systems, 1992-93, 9(3): 45-69.

[62] Contractor N S, Seibold D R. Theoretical frameworks for the study of structuring processes in group decision support systems: Adaptive structuration theory and self-organizing systems theory[J]. Human Communication Research, 1993, 19(4): 528-563.

[63] Wheeler B C, Valacich J S. Facilitation, GSS, and training as sources of process restrictiveness and guidance for structured group decision making: An empirical assessment[J]. Information System Research, 1996, 7(4): 429-450.

[64] Fuller R M, Dennis A R. Does fit matter? The impact of task-technology fit and appropriation on team performance in repeated tasks[J]. Information System Research, 2009, 20(1): 2-17.

[65] Dennis A R, Valacich J S. Rethinking media richness: Towards a theory of media synchronicity[C]. Proceedings of the 32nd Hawaii International Conference on System Sciences, 1999.

[66] Dennis A R, Fuller R M, Valacich J S. Media, tasks, and communication process: A theory of media synchronicity[J]. MIS Quarterly, 2008, 32(3): 575-600.

[67] Rice R E. Task analyzability, use of new media, and effectiveness: A multi-site exploration of media richness[J]. Organization Science, 1992, 3(4): 475-500.

[68] Murthy U S, Kerr D S. Decision making performance of interacting groups: An experimental investigation of the effects of task type and communication mode[J]. Information & Management, 2003, 40(5): 351-360.

[69] Carlson J R, George J F. Media appropriateness in the conduct and discovery of deceptive communication: The relative influence of richness and synchronicity[J]. Group Decision and Negotiation, 2004, 13(2): 191-210.

[70] Shu Z. Schiller, munir mandviwalla, virtual team research an analysis of theory use and a framework for theory appropriation[J]. Small Group Research, 2007, 38(1): 12-59.

[71] Deluca D, Valacich J S. Outcomes from conduct of virtual teams at two sites: Support for media synchronicity[C]. Proceedings of the 38th Hawaii International Conference on System Sciences, 2005.

## The Overview of Fit Theories in IS Research

MIN Qingfei, WANG Jianjun, XIE Bo

(Faculty of Management & Economics of Dalian University of Technology, Dalian, China, 116024)

**Abstract** Fit idea has very important position in human consciousness system. Whether for the broad sense management research or for information systems(IS) research, there is a stream of theories based on the idea to fit. These fit based theories guide people to achieve better fit among society, organizations, people, tasks, technologies and tools, in turn to achieve the better performance. This paper systematically examines the fit theories in IS research by reviewing their background, understanding of fit, the main theoretical constructs and the relevant validation studies. The authors try to clarify the development map and the frontiers of fit theories. The purpose of this paper is to fuel the further fit based IS research by presenting the overview of fit theories in IS field.

**Key words** Fit theories, IS, Decision-making school, Social-technology school

### 作者简介

闵庆飞，男，(1974— )，大连理工大学管理与经济学部部长助理、副教授、博士。研究领域包括IT实施与应用、移动商务、电子商务、IT外包服务管理等。E-mail：minqf@dlut.edu.cn。

王建军，男，(1977— )，大连理工大学管理与经济学部教师、副教授、博士。研究领域包括电子商务与物流管理、IT服务外包等。E-mail：drwangjj@dlut.edu.cn。

谢波，女，(1985— )，大连理工大学管理与经济学部硕士研究生毕业，大连爱立信公司职员，研究领域为IT服务外包。E-mail：no_eleventh@hotmail.com。

信息系统学报
（第 8 辑）：89－92

China Journal of Information Systems
89－92

# MIS 专业方向探讨

薛华成
（复旦大学）

正当祖国的社会主义建设呈现一派欣欣向荣之际，在以科学发展观和先进生产力为代表的春风劲吹的环境中，世界性的金融危机爆发了。与此同时，关于 MIS 的专业方向的问题，诸如什么"没有专业方向"，"管理不如不管理；技术不如计算机"，又再次浮出水面。可见，不时地回顾一下 MIS 的专业方向实属必要。

## 1 MIS 是什么性质的专业

20 世纪 90 年代初，在复旦大学管理学院的一次新生专业推荐会上，会计系主任介绍，他们的会计专业是个现代化专业，不仅学算盘，更要多学计算机。国际商务系主任介绍，他们的专业是个国际化专业，第一学期开始就全英语教学。在这种情况下，作为有两个专业管理科学和管理信息系统的系主任，感受到了巨大的压力。心想，好词都被你们占了，好地都被你们圈了，别人怎么办？然而，压力出动力，急中生智慧。既然被逼无路，别怪多有得罪。"我们的专业是个未来化专业、革命化专业。是专门革那些会计呀、国际商务呀，这些职业的命的。""当我们的毕业生走进会计或国际贸易办公室时，他们一定会很有感慨地想，马克思的理论已有 200 年了，人们怎么还像他说的那样奴隶般地被束缚于分工，干着那些没必要人干的工作。他们一定会痛下决心，怀着深厚的无产阶级的感情，把兄弟姐妹们从水深火热中解救出来。这不是下岗失业，而是像某些纺织女工下岗转业那样，登上东航飞机周游世界，让他们干他们最想做的工作。"MIS 专业的使命就是发展生产力、解放全人类。专业的性质就是面向未来、从事变革、创造更加美好的世界。当然，我们也介绍了 MIS 专业要学会计、市场、生产、人力资源管理等管理知识，还要学计算机。如果说我们专业有什么缺点的话，那就是太累了，累就带来挑战。而年轻人的能量是无限的，只要感兴趣，它就能充分地迸发出来。结果，选报我们专业的学生比我们的计划名额多一倍多。

如果想说得学术点、具体点，应与我们过去的 MIS 定义衔接，但由于篇幅有限，在此恕不引经据典。我们说 MIS 专业是以管理为目标，以信息为媒介，以系统为手段从事变革的专业，就是善于利用系统的方法和手段处理信息，会用信息支持企业运行和决策，使企业能长盛不衰地发展。当今美国最流行的 MIS 教科书的作者、纽约大学教授 Kenneth C. Laudon 说，所有利用 IT 解决企业管理问题的系统，都是管理信息系统。在这个基础上我们来探讨一下 MIS 的性质。

首先，我们说 MIS 是个社会-技术系统，它不仅包含机器，而且包括人。研究、认识、和学习 MIS 要从社会和技术两个层面来考察。在企业建设 MIS 系统时要从企业方向、组织变革、人员安排、技术应用等方面整体地考虑，做好规划设计，MIS 才能成功实施。大多数 MIS 实施不成功的原因多数是因为建设者心目中只想实现半个 MIS。

其次，我们说 MIS 是个管理类专业。管理的一种定义是"Getting things done through other people"。对管理专业的学生来说，通过他人完成工作的能力要比自己完成的能力更重要。管理类专业的培养目标是指向管理干部的，当然应当是懂得IT知识的管理干部，如CIO。从历史的大潮中来思考，打倒军阀，有黄埔军校；抗日战争，有延安抗大；今天，尤其是未来的信息革命，应当有培养信息化领军人才的学校。上海有几万家企业，提出想招聘几千个CIO，应聘合格者却不超过两位数。中国的澳门和台湾的许多小企业老板，都希望他们的儿子或侄子学MIS，回去后领导企业信息化。上海各区县现在都配备了懂IT的副区长。现在的情况是不懂管理的IT人才，可能工作难觅；懂IT的管理人才，供不应求。

## 2 MIS专业要培养什么样的人才

既然MIS是培养干部的，具体地讲是指向系统分析员或CIO的。系统分析员的能力模型已经有许多论述，归纳如下：

信息系统分析员是技术和管理之间的桥梁，是领导和员工之间的沟通渠道；又是先进技术和先进管理模式的代表者，先进管理和技术的发展趋势的掌握者；还是现实的革新者，他既能提出变革现实的方案，又善于处理矛盾、因势利导、组织实施。他不仅懂管理，而且懂技术。他不仅善于说服领导，争取领导，而且善于动员和组织群众。通过他们把技术与管理、领导与群众结合起来，完成企业的管理变革和信息系统的应用。这样的能力目标，应当转化为学生的素质。

(1) 要有扎实、深厚的思想基础，这就是辩证唯物的世界观、科学的社会发展观。不是人云亦云，而是坚信不疑。有这样的思想基础的人一般就能堂堂正正地做人、规规矩矩地做事，绝不弄虚作假、贪图小利。这是管理干部的根基。现在的金融危机，美国有许多人埋怨，认为美国的管理教育失败了，培养的学生贪婪腐败，造成了金融企业的垮台。我们应当引以为戒。

(2) 要有变革的思想，甚至革命的思想。能看到未来，即“现实都是不合理的”，这样它才能走向未来；能看到现实，即“存在都是合理的”，否则它就不会存在。要善于变危为机。善于判断何时推进BPI、何时采用BPR。

(3) 要有进取的思想。看到机会要主动进取。自己所做的事，都是自己主动愿意做的。主动推进先进生产力的实现。对于不符合科学发展观的事情，要善于说服领导让它符合，对于符合科学发展观的事情，要善于说服领导和群众，立项推进。

(4) 要善于顺道造势。动先造势，势在必行。推行MIS切不可逆道而行，绝不应有只革别人命、不革自己命的思想，而是要和别人一起起来革命。

当前社会对我们大学生的反映是：情商低于智商，能力低于知识；眼高手低，志大才疏；找到一个岗位，做了几天，就以为这些工作太简单，自己是被大材小用了。实际上社会上的反映却是完全两样。在领导的眼里，这些人统统是小材大用，都是在挑了许久以后，不得已而凑合先用用。

## 3 怎么培养合格的MIS人才

1980年，本人在清华大学带领几位教师创建MIS专业时，由于是转行，十分迷茫。之后不断在理论和实践上，在国内和国外探索。有幸不久，美国ICIS国际会议教学委员会的负责人、Colorado大学的J. Daniel Couger教授来清华大学访问。Couger教授在中央主楼的接待室里热情地为我们介绍了美国ICIS推荐的MIS教学计划。当时的美国正处于MIS初创后的高速发展期，名家辈出，如Gordon B. Davis、Garry W. Dickson、F. Warren McFarlan、Lynda M. Applegate、Ralph H. Sprague、Rockart John F.等。新理论层出不穷，新领域不断开拓，呈现出一片欣欣向荣的景象。看得出，每一个 MIS 学者都信心十足。Couger 教授不仅带来了 MIS 的学术内容，而且带来了这种精神。Couger 教授在中央主楼的会议室里，热情地为我们讲解 ICIS 教学计划建议，整整一个下午他都不辞辛苦，有时甚至跪在地上在箱里找材料。他的精神让我们深深感动，而他给我们带来的信息更加宝贵。在这个本来是留美预备学校的清华园里，这个信息确实起了很大的作用。它坚定了老师们办好这个专业、为这个专业奋斗的决心。自那时起，我们认为我们的教学计划已经踏上了正确的道路。

1986 年，在复旦大学管理学院院长的建议下，国家教委认为我们有条件，同意利用联合国贷款举办新专业 MIS 的师资培训班，由复旦大学主办。师资班按国际标准用联合国贷款，聘请当代 MIS 顶级教授及在美的著名华人 MIS 教授来华任教，如 Gordon B. Davis 等。师资班每年一期，每期 30 人，自 1987 年起已连续开办四期，为国内培养了一百多位 MIS 的骨干教师，他们现在多已成为国内许多著名高校的 MIS 领军人物。学生们自豪地称该班为我国 MIS 的“黄埔军校”。它对我国 MIS 教育的发展产生了深远的影响。

从那时起，我们认为 MIS 的专业方向、培养目标、教学计划已基本解决。但是关于如何实施，各校都各显神通。不过，在此感到有几点需要强调：

(1) 要把 MIS 导论课适当提前，最晚应放在二年级(上)。这个课程不仅是介绍一些知识，更重要的要让学生端正方向，立志做个好干部。从这时起，学生就要不仅求得上课的好成绩，而且还要在各方面锻炼自己的能力。例如，参加社会工作，为学生服务等。大学时期是学生性格形成的重要时期。此时一过，性格定型，再修炼就要花费几倍的精力，甚至已不可能。

(2) 要增加实践环节，创造更多的动手机会。实际上，并不主要是安排更多的课内实验。而是创造一个更好的网络环境。老师正确地引导，学生通过主动自学基础上的互助，营造一定的气氛，通过网络学习就能达到。

(3) 学校最好能实行完全的学分制，让学生能主动地自己安排学习，尽早地参加到老师的研究项目中，或者社会上的大项目的实施中。现在的大学生在找工作时，用人单位总认为他们没有实践经验，而美国的学生，甚至中国港澳地区的学生毕业时大多可以列出一些打工的经验。

(4) 加强宏观整体综合思维方式和能力的培养。社会上对 MIS 人才的要求越来越偏管理、偏宏观，也就是要求站得高、看得远。要求能理解企业的战略，会做 MIS 的长远规划，根据长远的规划，确定中期计划，再确定实施项目。项目的实施变得主要是集成和综合，采用外包(Outsourcing)等方式来完成。所以，MIS 的规划、计划、分析、设计、实施都变成主要是管理工作。这也是为什么对 MIS 学生的管理能力和素质要求越来越高的原因。因此，在初期，会制定战略规划；在中期，会选定项目；在后期，会掌控实施策略，实为 MIS 学生应当具有的最重要的能力，也许是现在学生最缺少的能力。

为了给学生创造更好的前程，我们教师也要努力，要做好 MIS 的研究，提升我国的 MIS 水平。希望清华大学、复旦大学等知名院校继续带头，为 MIS 的一级学科、一级学会、一级期刊创建做出努力。学校要对 MIS 的教师给以更多的培养。所有从数学系、计算机系等系转来的教师，要订出“转专业”的培训计划。教师队伍中应当有 2/3 以上的教师是本专业出身，或者经过转专业培训过的。每个专业课教师在课堂上均应教书又教人。对学生进行专业的思想教育和专业能力的培养。

祖国一片欣向荣
信息号角响声声
催人奋进踏征程
风光无限在高峰

**作者简介**

**薛华成**：1980—1985年在清华大学领导创建管理信息系统本科生和硕士生专业，任专业教研室主任。1986—1987年在美国奥本大学做访问副教授。1987—1999年在复旦大学任管理科学系教授、博士生导师、系主任。2000—2005年在澳门科技大学领导创建行政与管理学院，任教授，历任副院长、代院长、院长和名誉院长。

曾主持完成国家教育信息系统规划、中日友好医院信息系统规划、“211工程”重点学科建设GDSS实验室项目等重大项目；完成国家自然科学基金、“863”基金、国家教委博士点基金等项目10余项；发表论文50余篇，出版著作10余部。曾任教育部管理工程类教学指导委员会委员、“863”CIMS管理与决策支持系统专家组专家、中国管理科学学会管理信息专业委员会主任委员，是信息系统国际会议(ICIS)的中国联络员。开设的课程主要有管理信息系统、信息资源管理、决策支持系统等。所著《管理信息系统》一书获国家优秀教材二等奖、上海市科技进步奖三等奖、全国优秀畅销书奖等。

信息系统学报
(第8辑): 93－99

China Journal of Information Systems
93－99

# MIS三十年回眸及其新认识*

侯炳辉
(清华大学经济管理学院)

## 1 引题

1979年是党的十一届三中全会召开后的第二年。当时,以经济建设为中心的方针已深入人心。知识分子以其敏感性与责任心,首先“躁动”起来,其中就有清华大学自动化系的几个刚过不惑之年的教师。薛华成和本人等志愿调到刚刚挂牌为“清华大学管理工程系(筹)”单位,筹建一个以后称之为“管理信息系统MIS”的专业(现改为“信息管理与信息系统”)。

近年来,不少学校反映信息管理与信息系统(以下简称为信息系统IS)专业不太景气。例如,设置第一个IS专业的清华大学经济管理学院,本科生普遍青睐金融、经济、会计等专业。有一年在经济管理学院中报名选择专业时,竟然没有一个第一志愿选择信息系统专业的。其他一些学校也有类似情况。有些学校反映,这个专业的毕业生分配比较困难,一些用人单位感到该专业学生在计算机应用能力上并不比计算机专业的强多少。在这样的形势下,一些学校该专业的教师感到有些困惑。于是,不少人提出了“信息系统专业向何处去?”的问题。

## 2 MIS的简单回顾与再谈信息系统专业的特征

现在基本上谁都承认,信息系统(这里主要指MIS,下同)是一个人-机系统,是一个复杂的社会经济系统,从而要求信息系统的建设和管理者具有复合型知识。实践已经证明,纯技术人员或纯管理人员负责信息系统的开发和管理的风险很大。我们最早设计信息系统专业的指导思想也是根据上述情况考虑的。

1979年清华大学刚刚成立该专业时的名称为“经济管理数学和计算机应用技术”,如此复杂的专业名称引起人们和各级领导的疑惑:这么多的知识(专业)混合在一起,像个“四不像”,能成为一个专业吗?在我们的反复解释和争取下,次年学校和教育部才勉强同意作为“试办专业”招收了一个班的五年制本科生。创办这个专业时,我是主管教学的教研室副主任。我们进行了国内外文献调查,访问了一些单位和专家学者,如工业经济贸易研究所、中国人民大学、北京经济学院(现首都经济贸易大学)等。还访问了著名学者萨师萱教授、常迥院士等。经过这些调查、分析,再加上我们从事工业自动化的体会,最后由我起草了第一个教学计划。这个教学计划的指导思想和课程设置详见附录。这个教学计划的核心是培养以技术作为后盾,有系统和工程观念,为经济、管理信息化服务的复合型人才,即强调培养目标是:懂经济、懂管理的工程技术人才。

---

* 注:本文根据2010年12月26日作者在“管理决策与信息系统学会”理事会上发言整理而成。

后来，该教学计划进行了几次修改，主要是加强了经济、管理方面的课程，如财政、金融等；适当减少了理工方面的课程，如取消物理、制图等，但其主体教育思想和培养目标没有改变。

## 3 时空变化对专业的冲击

随着时代的发展，信息技术的飞速进步，新的技术和计算机使用工具的出现，人们逐渐熟悉和掌握了计算机的一般应用。于是人们似乎有一种概念：只要懂得一些计算机应用技术就可以了，也就是说，只要有计算机专业，甚至学一些计算机课程，或者到培训班培训培训应用技术就可以了，没有必要设置这个专业。而有些学生更感到何必要选择那么多知识、费劲又吃力的IS专业呢？这里有两种思想：一是认识问题，认为在信息化社会中仅仅会使用计算机就可以了。这对一般人员也可以这样说，但对信息系统的建设和管理人员来说，却是一种误导。二是有些学生怕课程多而复杂，怕数学、计算机等较“硬”的课程，还不如选学“单纯”的经济、会计、统计等专业。但是，实践已经证明，从事信息化的高层次人员，如果不具备复合型知识，工作将难以胜任。

## 4 IS专业改革的必然性与必要性

在中国，信息系统专业已经有30年的历史。遗憾的是，在这么长的时间里，专业思想和模式却没有较大的结构性变化，在学科的核心知识上缺乏创新，这与我国经济、社会发展以及信息技术的进步太不相称。所以，该专业的知识结构显得有些陈旧，教学观念显得有些落后，从而缺乏生气。为此，进一步深入理解信息系统（或信息系统/信息技术（IS / IT））是非常必要的。

信息系统和信息技术在经济和社会中起着“倍增器”的作用，是当今社会最活跃的科学技术。其特点如下。

### 4.1 IS/IT是一个“服务性”的系统和技术

伴随着IS/IT的飞速发展，它也始终同步地为工业、农业、国防、科学、教育、政府、社会事业等其他行业提升服务。IS/IT和其他“服务性”技术不同，它是全方位的，覆盖和渗透到所有部门。相应地，信息系统专业也就成为一个典型的“服务性”专业。之前，我们反复强调信息系统专业具有综合性和实践性特征，现在我们要强调其“服务性”。既然信息系统专业已突出为一个“服务性”专业，那么如何确定这种服务性专业的核心知识就十分重要。

### 4.2 IS/IT已成为一个基础性技术

当前，任何一个行业和一项工作都离不开信息系统和信息技术，所以它是一个基础性技术。对于这一点大家容易理解，因为没有一个现代化工程和现代化技术能够离开信息技术。相应的信息系统专业也就成为一个“基础性专业”。从专业的角度考虑，该专业的毕业生可以比较容易地从事其他行业的工作。而且，有些人更容易向其他专业深造和扩展。例如，该专业毕业后去经济、管理、金融、会计、数学、计算机等专业攻读硕士、博士学位，并能较快或较高水平地达到这些行业或学术的要求。这是因为他们比某些专业如会计、经济、金融等专业的本科生有较强的理工基础和逻辑思维能力，从而有较大的后劲和较强的计算机应用能力。不少从清华大学早期称为“管理信息系统”专业的毕业生已经成为知名的经济学家、管理学家、金融专家以及各行各业的能人就是一个很好的证明。例如，中国人民银行货币委员会委员李稻葵、上海市金融办主任方星海、中国人民银行研究局局长张建华，分别是清华大学管理信息系统专业 1985 年、1986 年、1987 年的毕业生。

### 4.3 IS/IT 已成“融合剂”和“熔化剂”

当今社会任何一个行业、技术、应用都必须和信息技术融合。不仅工业化和信息化融合，其他如政府、社会、国防、科技、教育、卫生、物流、交通、航天等都离不开和 IS/IT 融合。另外，信息系统和信息技术还是一个“熔化剂”，也就是说，任何一个复杂问题、困难问题，最终都需要用 IS/IT 来加以解决，而有些问题只能用 IS/IT 来加以解决。例如，银行系统、民航售票和运输系统、航天系统、钢铁生产企业等，只有用信息系统和信息技术才能将极为复杂的业务迎刃而解，将不能解决的困难“熔化”。

## 5 试述信息系统核心专业知识和培养目标

初期，信息系统核心专业知识集中于信息系统的开发，包括一系列的开发思想、开发方法、开发项目管理等。目前，信息系统的开发思想相对比较成熟，也有许多有效的开发工具和专门的开发队伍。而且，现在用户普遍采用外包方式建设系统，所以只强调系统开发专业知识就显得有些单薄。所以，在信息系统转变为“服务性”特征的今天，除了保持信息系统开发这个核心专业知识以外，信息系统核心专业知识还应增加一些新内容，如：①信息系统规划与顶层设计；②信息系统安全设计与管理；③信息系统监理设计与审计；④信息系统与信息技术治理；⑤信息系统增值分析与评价。

当然，信息系统专业比传统的理工科专业更具活跃、变化的周期更短，需要与时俱进，必须根据管理和技术的变化、进步来改变核心专业知识的结构和内容。

相应地，随着信息系统核心专业知识的结构和内容的变化，信息系统专业的培养目标和专业方向也应适当地变化。早先我们提出 MIS 的培养目标是系统分析师，而专业方向却非常广泛。现在，我想培养目标的提法应更广泛一些，除系统分析师以外，还可以提企业信息管理师、信息系统架构师、信息系统监理师、信息系统测评师、信息系统规划咨询师、信息系统安全工程师、信息系统项目经理，甚至是首席信息官(CIO)，而专业方向可能更为广泛，这里不再描述。

为了说明信息系统专业的发展和变化，本文将 1988 年 3 月 14 日发表的《关于创办管理信息系统专业的指导思想》一文作为附录，以便进行比较和讨论。

## 6 结论和改革管理信息系统专业的建议

毫无疑问，信息技术总是在不断进步，信息化水平也在不断提高，因此，对信息化人才的要求也越来越高，尤其是对高层次的复合型人才的需求越来越多，也就是前述的那些复合型人才越来越受到青睐，这恰恰是信息系统专业所能和所要做的强项，纯计算机专业或其他理工类或工商管理类专业都难以达到复合型要求。所以，我认为，信息系统专业仍然具有强大的生命力和市场前景，一切停止的论点和悲观的论调都是站不住脚的。

为此，我们想提出一些改革信息系统专业的不成熟的意见，请有关部门参考：

(1) 根据信息系统和信息技术发展的现状，全面检查信息系统专业的教学计划和教材。

(2) 根据信息系统专业的服务性特点，研究该专业的核心知识和核心课程，同时，修改教学计划。

(3) 加强实践环节，尤其是加强最新技术的实践，如云计算、物联网、三网融合、移动电子商务、3G/4G 等技术，并在信息系统中加以应用。

当然，这样的改革动作较大，困难很多，也不可能一步到位。但我们相信，只要锲而不舍、与信息化发展同步地循序渐进，一定能做好这个专业的改革和发展，专业的生命力也一定会越来越强。

# 附录 关于创办管理信息系统专业的指导思想
## ——为清华大学第十八次教学讨论会而作*(1988年3月14)

### 一、前言

1979年，清华大学成立经济管理工程系(筹)。于是，一个称为“经济管理数学和计算机应用技术”的专业也宣告在该系成立。翌年秋季，该专业招收了第一届本科生(经0班)。这是我国理工科大学第一个以后被称为“管理信息系统”5年制本科班，(1985年该专业正式改为管理信息系统MIS)。8年过去了，我们已招了9届、毕业了3届本科生。9年来，对该专业的办学方向等问题一直有诸多议论。本人是参加创办该专业的教师之一，借此第18次教学讨论会之际，谈一点个人体会，就教于各级领导及同事们，错谬之处，祈请教正。

### 二、简单的回顾

1980年，办这个专业是冒着一定风险的，因为这是一个从未有过的新专业。但是，出乎我们的意外，尽管当时社会上还不太熟悉管理信息系统，报名的学生却相当踊跃，也许当时专业的名称起了注解作用。新生素质很好，虽然全系(即清华大学经济管理学院前身)仅此一个本科班，且还是大一新生，比起全校兄弟系来，相当孤独，工作也比较难以开展。但是，学生情绪很好，经0班连续5年被评为全校先进集体，学生的毕业论文曾受到学校表扬，学生毕业时“大面积丰收”：近一半加入了中国共产党，80%考上研究生，有6人考取了美国邹至庄的留美研究生(那时邹只在中国各高校招收10名数量经济学研究生)，毕业分配时学生成了“抢手”“品牌”。以后的经1班、经2班的毕业生也有类似的情况，有限的可分配学生走上工作岗位后，领导反映他们能力强，能适应工作，与相近的专业相比有明显的优势，而且大多数学生工作后不久就成为业务骨干。

### 三、管理信息系统专业有广阔的前途

20世纪70年代末80年代初，以经济建设为中心的路线已深入人心，世界技术革命和信息革命浪潮冲击着中国大地；经济管理及为之服务的现代化管理方法与手段已越来越被人们注目。在这样的背景下，与祖国命运息息相关的一些高教战线上的知识分子，深感到有必要创办一些新专业，以适应这样的形势。于是，管理信息系统专业和系统分析(有些学校称系统工程)、管理工程、技术经济、国际贸易等新专业相继问世。20世纪80年代初，以微机为标志的信息管理在我国的广泛应用，愈益感到需要既懂经济管理业务又懂现代化方法和计算机技术的复合型人才，而目前这种人才却极为缺乏。因此，国家和社会需要创办这个专业。

开发应用计算机管理信息系统与计算机在科学计算中的应用、在辅助设计中的应用、在过程控制中的应用不同。计算机管理信息系统是人-机系统，系统开发者只懂得计算机技术是远远不够的，他

---

* 这是1988年系统总结的创办管理信息系统专业的讨论报告。清华大学创办MIS专业是我国信息化教育和信息化事业的一个重要事件。实际上，在我们创办这个专业后，许多国家重点高校也相继成立了管理信息系统专业。从这个意义上来说，清华大学起了示范作用。这不仅是一个历史文件，而且它的教育思想和包括一些具体的教育措施，在今天仍然具有意义。2011年1月23日选自《信息化历程上的脚印》。

还要懂经济、管理方面的知识及系统运行机制、系统分析和系统设计的方法等。因此，培养这样的复合型人才并不容易。正因为如此，人们怀疑能否在本科生中培养这样的人才是可以理解的。根据现阶段中国信息化现状以及清华大学理工科的优势，事实证明，培养这样的复合型人才是完全有可能的，其他兄弟院校只要组织得当，也是可以做得到的。

## 四、培养目标是工程技术人才

对于管理信息系统的培养目标，长期以来一直是争论的焦点。有人认为它是培养高级经济管理人才，有人主张是为经济管理服务的技术人才，如果只能二择其一，我倾向于后者的提法。

在我们 1980 年的教学计划中，明确提出："本专业培养具有社会主义经济管理的理论，较好的数学基础，掌握计算机系统硬、软件基本知识，能建立数学模型，进行软件包设计及管理信息系统分析、设计、开发和评价等技能的经济管理方面的工程技术人才。培养目标是工程师。"我们提倡培养为经济管理服务的工程技术人才，而不赞成提培养高级经济管理人才的主要理由如下：

(1) 高级经济管理人才不可能在大学 5 年内培养出来，更需要从社会实践中培养。

(2) 根据目前中国的情况，前一提法学生毕业分配时，没有一个合适的岗位，导致分配和使用困难。

(3) 掌握一定的经济管理理论、现代数学和计算机技能的大学生首先适合做技术工作(当然不排斥他们以后走上管理岗位)。后一种提法不仅分配主动，而且学生的基础比较扎实。

几年前，国内掀起创办管理专业的一股风，目前已经出现管理专业学生分配的困难，而管理信息系统专业的学生仍然非常抢手。实践证明，我们提倡培养懂得经济管理的工程技术人才的教育思想是合适的。

## 五、专业方向宜宽

在专业方向方面，我们主张宽一些好。对这个问题，也有不同的争论。有人认为我们的专业太窄，也有人说太宽。在我们 1980 年的教学计划中提出，专业方向主要是"企业的计算机管理和用计算机进行国民经济部门的规划、统计、技术经济分析、预测及有关经济管理工作"。其实，这个方向是比较宽的，但并不太宽。这个方向既面对微观经济，又面对宏观经济，甚至面对其他企事业部门。总之，不管是什么部门，只要使用计算机和数学的地方都是我们的专业方向。

专业宽的好处是：

(1) 易于毕业生分配。我们的毕业生可以分配到很多部门，从国家经济部门(如计委、经委、统计中心、人民银行等)到企业、事业单位，都是我们的分配对象。

(2) 易于适应工作。学生毕业出去以后工作内容可以很宽，甚至于一些学生还可以在经济学、管理学、计算机科学、数学、系统科学等方面继续深造。

## 六、知识结构是综合性的和层次性的结构

为了达到培养目标和适合专业方向，必须有一个有机的知识结构及教学计划。这个知识结构是综合性的和层次性的。

所谓综合性，是指知识内容包括工科基础、经济管理、经济数学和计算机技术，并把它们综合起来，形成一个有机的整体，而不是拼盘。所谓层次性，是指按学生的培养规律，将知识和能力分成若干层次。下面是关于知识结构和层次的说明。

### 1. 工科基础课程

由于该专业的工作对象为经济管理部门，所以，除政治、体育以外，无论是在微观经济部门还是在宏观经济部门工作，都必须有一定的工科知识。为此，教学计划的具体安排是：在大学一、二年级时的课程与自动化专业、计算机专业的相似，学习基础数学（如数学分析、高等代数、概率统计、计算方法等）、普通物理、外语及一般机电工程知识（如电工、电子、制图、金工、工业生产过程概论等）。上述总学时约占52.5%。

### 2. 专业基础课程

专业基础课也称技术基础课，是综合性的核心，它既要满足专业方向的要求，又要适当集中和精选，因此，设计好专业基础课是知识结构的关键。

专业基础课由三部分组成：

（1）经济管理理论方面的课程。包括政治经济学、微观经济学（西方经济学）、宏观经济学、企业管理学、统计学、会计学等。

（2）经济数学（或系统科学）方面的课程。包括离散数学、运筹学、控制工程、应用数理统计等。

（3）计算机科学与技术方面的课程。包括计算机原理与系统结构、计算机语言（多种高级语言）、数据结构、数据库、操作系统、计算机网络等。

专业基础课学时约占37.5%。

### 3. 专业课课程

专业课的性质为综合性或复合型的课程，它综合了基础或专业基础课的内容，大都具有方法论或操作技能的性质，主要为提高学生的分析问题和解决问题的专业能力。专业课包括管理信息系统、系统分析与设计、系统模拟、计量经济学以及一些选修课。专业课学时约占8.3%。

### 4. 专业实践课程

专业实践对该专业来说非常重要，它是培养学生分析问题和解决问题的基本手段。专业实践也有层次性，包括认识世界的实践、信息处理实践、毕业设计（真刀真枪），详见九。

## 七、系统分析与计算机应用技术是本专业学生的“看家本领”

每个专业都有本专业的“看家本领”，管理信息系统专业的看家本领是：①系统分析与设计；②使用计算机技术。用现代化方法和技术管理经济时，首先要对经济系统或管理系统进行分析，不会系统分析和系统设计的学生无论如何都不能很好地为经济管理服务。因此，系统分析就成了第一个看家本领。管理信息系统专业实质上是一种特殊的计算机应用专业，因此该专业的学生突出在对计算机的使用上，反映在我们的教学计划中每个学生都有充足的上机机时。

## 八、主干课必须建设好

该专业知识覆盖面宽、课程很多，在有限的学时内既要照顾全面，又必须突出重点。这些重点课程被称为主干课。目前，该专业的主干课包括如下几门（随着专业的发展，以后会有调整和变化）：

（1）在经济管理方面，包括企业管理（学）、会计（学）、宏观经济（学）；

（2）在经济数学（系统科学）方面，包括运筹学、控制工程、应用数理统计、预测原理与方法；

(3) 在计算机科学技术方面，包括数据结构、数据库、操作系统、计算机网络；

(4) 在专业课方面，包括管理信息系统、系统分析与设计、系统模拟、计量经济学。

## 九、在提高能力上下工夫

该专业属于应用性专业，因此，实践能力的要求就尤为突出。实践能力包括：①认识实践的能力，即具有观察、调查社会的能力；②分析实际问题的能力，即系统分析的能力；③综合实际问题的能力，即系统设计的能力；④实际操作的能力，即系统实施的能力。培养能力也有一个过程和层次。在低年级第一个暑期安排一次社会调查、组织金工实习；在中年级，管理实习和课程设计，以培养初步的分析问题和解决问题的能力；在高年级，用整整一个学期进行“真刀真枪”的毕业实践，以锻炼较大系统的分析、设计和实施能力。实际上，这是走向工作岗位之前的预演，具有特殊、重要的作用。

## 十、成熟的教学计划必须相对稳定

培养目标、专业方向、知识结构、能力结构、课程安排等，最后都要反映到教学计划中。如何组织和实施教学计划是一个非常复杂和艰巨的系统工程，教学计划中每一个环节都是有机地联系在一起的，一个比较成熟的教学计划就应该稳定一段时间，切忌随意改变教学计划。目前这个教学计划已经多次修改，相对比较成熟，可以稳定一段时间。

## 十一、教师队伍要配置适当

教师队伍的合理结构是非常重要的，包括教师的专业背景、职称、年龄、性别等合理配置。要发挥各个教师的长处，尽可能地做到合理分工、各按步法、共同前进，也要尽可能地通过科研项目将各有长处的教师组合在一起，使他们协同工作、一起提高。

九年很快过去了，在我们创办我国第一个管理系信息系统专业的过程中，遇到了不少困难，也走了不少弯路，上述内容还很不成熟，热切希望大家批评指正。

**作者简介**

侯炳辉：教授，博士生导师。清华大学经济管理学院教授、博士生导师，曾任清华大学经济管理学院教务长，中国管理软件学院董事长。1960 年毕业于清华大学电机系自动化专业。主要研究管理信息系统(MIS)的开发与应用，目前共发表论文 100 多篇，从事信息化项目 20 余项，发表著作近 20 部。主要学术职务与社会兼职如下：全国管理决策与信息系统学会副理事长；教育部全国高教自考电子、电工与信息类专业委员；原信息产业部全国电子信息应用教学指导委员会主任；原劳动与社会保障部国家职能鉴定专家委员会企业信息管理专业委员会主任；中国管理软件学院董事长。

信息系统学报
(第8辑):100－109

China Journal of Information Systems
100－109

# “中国信息系统学科课程体系2011”(CIS2011)概览

CIS2011课题组成员 索 梅[1] 牛东来[2]
(1. 清华大学出版社 2. 首都经济贸易大学)

随着信息技术的快速发展和计算机系统在生产、生活、商务活动中的广泛应用,信息系统领域的研究与教学受到广泛重视,并得到了迅速发展。信息系统是一个跨专业的交叉学科,面向技术、管理等多个层面。当前,技术与管理并重是信息系统领域发展的主流特点。信息系统领域在方法论方面也分为技术学派和行为学派,前者侧重信息的处理以及系统开发的理论、方法与应用;后者侧重信息技术/信息系统的使用、管理和行为。

目前,我国的经济正处在迅速发展阶段,信息化建设正在成为我国增强国力的一个重要举措,因此,信息系统学科面临着新的更为广阔的发展空间。

但是,当前我国信息系统学科建设及教学水平与国际先进水平相比存在着差距。此外,各个高校发展很不均衡,其中在部分高校所采用的信息系统教学体系中,存在着知识陈旧、方法落后等问题。

针对这些问题,立足国内现状,研究和探讨国内高等学校的信息系统学科建设和信息系统人才培养,具有深远的意义。

## 一、CIS2011课题组成立的背景

2004年,教育部管理科学与工程类学科教学指导委员会(以下简称教指委)制定了《全国普通高等学校管理科学与工程类学科核心课程及专业主干课程教学基本要求》(简称《基本要求》),使得全国各相关专业的教学体系和知识内容有了一个指导性的(最低)基准,这对教学规范化和提升学科整体水平具有重要意义。

2004年6月,IEEE/ACM公布了“计算教程CC2004”(Computing Curriculum 2004),其中包括由国际计算机学会(ACM)、信息系统学会(AIS)和信息技术专业协会(AITP)共同提出的信息系统学科的教学参考计划和课程设置(简称IS2002)。与过去的历届教程相比,IS2002比较充分地体现出“技术与管理并重”这一当前信息系统学科领域的主流特点。在此背景下,为了进一步提高我国高等院校信息系统学科领域课程体系的规划性和前瞻性、反映国际信息系统学科的主流特点和知识元素,进一步体现我国相关专业教育的现状和发展特点,参考《基本要求》和IS2002等国内外资料,清华大学经济管理学院、中国人民大学信息学院及清华大学出版社于2004年共同组织了课题组,探讨制定出了一个涵盖我国信息系统教育课程体系框架的“中国高等院校信息系统学科课程体系2005”(简称CISC2005,清华大学出版社出版)。CISC2005得到了教指委组织的评审专家的充分肯定,也在我国相关专业学科及课程建设实践中产生了积极的影响。

转眼5年多时间过去了,这期间,Web2.0/3.0、移动商务和云计算等一批新兴应用已经更深刻地渗透到组织运作和社会生活的各个方面,高校教学的思路也有了新的变化。与此同时,ACM和AIS又相继联合推出了新版信息系统教程IS2009/IS2010,试图反映技术进步和管理演化的要素。因此,

研讨和制定我国信息系统专业新版的课程体系,使我国的IS教育能与国际的IS教育接轨,从技术、经济、环境、管理等各个方面都形成一套规范的信息系统理论和实践教育体系,并以此来指导我国的信息化人才培养战略,这也符合我国信息化需求和国际专业领域发展的脉动。

在教指委和国际信息系统协会中国分会(CNAIS)支持下,我们成立了由来自国内多所高校教师组成的"中国信息系统学科课程体系2011"(简称CIS2011)课题组,这些教师均为国内高校专业建设负责人、学科带头人和一线教学骨干。在CIS2011课题开展过程中,课题组进行了多轮的研讨和编纂工作。此外,还聘请了国内相关学科领域的几十名顾问专家学者(包括教指委信息管理与信息系统专业指导组成员、CNAIS及各校的知名学者等)对CIS2011的内容进行了研讨和审阅。CIS2011编制参照的主要资料包括教指委《基本要求》和专业规范原则精神、中国高等院校信息系统学科课程体系(CISC2005)、ACM/AIS推出的新版信息系统教程IS2009/IS2010等。同时,在知识内容上注意把握本科专业教学中的"基础—主流—发展"关系,关注知识更新和企业应用(如信息分析(analytics)和商务智能(business intelligence)、信息检索与搜索(search)、新兴电子商务等)以及实验环节。

## 二、CIS2011研究的主要内容和目标

CIS2011课题组从教育对象入手,结合信息系统学科的发展趋势以及学生就业情况和社会需求等各种因素,建立适应信息系统技术发展和社会需求的信息系统人才培养的课程体系。

### 1. CIS2011主要研究的内容

CIS2011研究的具体内容包括:

(1) 社会需求研究。调研近5年信息系统专业毕业生的就业和发展状况,分析我国社会未来3~5年内对信息系统相关人才的需求,得出了不同层次、不同领域的IS人才特点与需求趋势;

(2) 教育对象研究。针对不同的社会需求,研究不同教育对象的特点(包括IS专业的本科学生、普通硕士学生、博士学生、MBA、企业管理人员等),确定学生的需求;

(3) 培养目标设定。重点针对本科生的特点,确定信息系统专业本科教育的培养目标;

(4) 信息系统学科知识体系研究。根据上述的培养目标,确定本科教育中信息系统学科的知识体系以及与其他学科的融合过程;

(5) 设定课程体系与教学计划,研究合理、科学的信息系统课程体系,并给出相应的教学计划;

(6) 核心课程的设定。对核心课程进行重点研究,给出课程内容提要和教学建议。

### 2. CIS2011研究的目标

CIS2011研究的总体目标是在充分参照《基本要求》和IS2009/IS2010的基础上,尽可能吸收国际上最新的信息系统教育研究成果,并适应我国经济建设和信息化发展的客观需求,形成系统、科学、适合我国特点、满足多数、特别是有意提升信息系统专业教学水平和人才培养质量的学校要求的信息系统课程体系,从而为培养适应信息社会的各种信息系统专业人才奠定坚实的基础。研究的具体目标包括:

(1) 调研分析我国信息系统人才特点与需求趋势;

(2) 形成信息系统学科的整体知识架构;

(3) 制定信息系统学科本科生的培养方案;

(4) 给出培养方案的教学计划；

(5) 确定培养方案的核心课程，并给出核心课程的教学大纲。

CIS2011 结合我国信息系统学科的发展历史和特点，给出了学科体系中的知识领域、知识单元和知识点，并设计了 6 门核心课程和 6 门推荐课程，以及相应的教学大纲。

CISC2011 力争做到技术与管理并重、知识与能力并重，能全面培养学生的技术能力、逻辑思维能力、沟通能力、协作能力和实践能力，使学生不仅具有较强的能力，同时具有较强的发展潜力。

## 三、CIS2011 课程体系

根据对信息系统学科知识体系和学科发展方向的分析，在 CIS2011 中设置了 6 门核心课程和 6 门推荐课程，具体课程名称如下：

- CIS2011.1 管理信息系统
- CIS2011.2 信息资源管理
- CIS2011.3 计算机网络及应用
- CIS2011.4 数据结构
- CIS2011.5 数据库系统原理
- CIS2011.6 系统分析与设计
- CIS2011.7 信息组织
- CIS2011.8 商务智能方法与应用
- CIS2011.9 信息系统项目管理
- CIS2011.10 信息检索
- CIS2011.11 电子商务
- CIS2011.12 企业信息系统及应用

其中，前 6 门为核心课程，各校在授课时，可参照《基本要求》从该 6 门核心课程中选择 4 门或以上进行；后 6 门为推荐课程。

12 门课程的相互关系如图 1 所示。

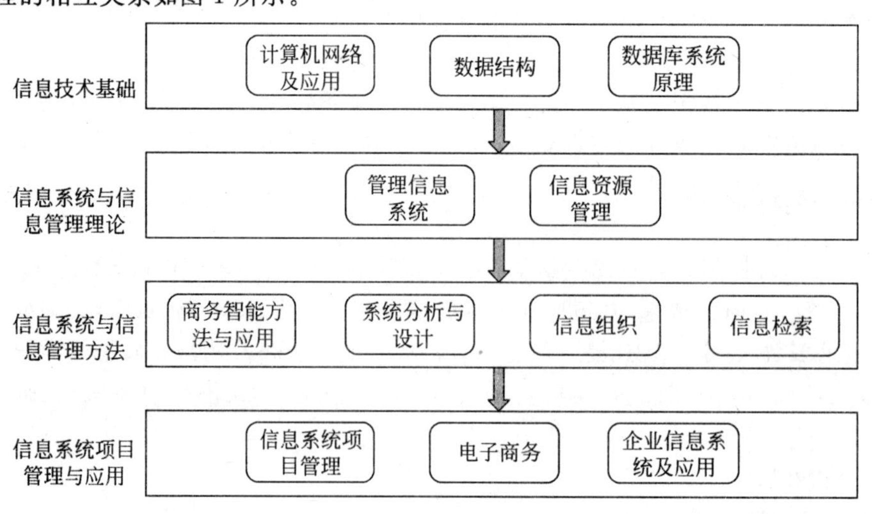


图 1 课程之间的相互关系

### 1. CIS2011.1 管理信息系统

本课程面向高等院校信息管理与信息系统专业本科学生，定位为专业核心课程，讲授管理信息系统的基本概念、关键应用、信息系统的建设和管理等四个主要方面的内容。

本课程的目标和要求如下：

(1) 从管理视角理解信息系统的基本概念、属性、特点、类型及其演变过程，认识信息的价值、信息系统的战略性地位以及对组织变革的推动作用。

(2) 明确信息管理在组织中的重要地位，与组织的关系，学会从信息系统的视角思考解决管理问题。

(3) 认识信息系统的技术基础，包括硬件、软件、网络、数据管理和分析工具。

(4) 熟悉当前主要信息系统在组织中的主要应用，特别是影响组织竞争优势的战略性、集成型应用系统和电子商务(e-commerce)。

(5) 从方法论的视角了解信息系统的定制性开发(内部或外包)、标准化系统的实施、信息化项目管理和信息系统的运行与维护，特别是理解用户在管理信息化全过程中的责任和作用。

本课程的教学模块划分为：信息系统基础概念；信息系统与组织的关系；计算机硬件、软件和网络；数据挖掘与商务智能技术；企业资源规划(ERP)与业务流程管理；企业级和跨组织信息系统应用；电子商务基础；信息系统规划；信息系统开发；信息系统项目管理；外包项目管理；信息系统的运行与维护；信息管理前沿问题与重要管理专题。

### 2. CIS2011.2 信息资源管理

本课程是一门概论性课程，给本专业和其他相关专业的学生提供综合性的入门知识，使学生了解本专业的基本知识框架。它既不同于信息系统管理或信息技术管理，也不同于文献管理或档案管理。它基于新的资源观和管理理念，对上述不同的管理领域进行动态集成。通过本课程的学习，系统了解和掌握信息资源管理的基本理论、原理、政策、法律、策略和方法以及它们在不同机构、不同环境中的应用，能从商业和社会等不同的视角来理解信息概念和问题。

本课程的目标和要求如下：

(1) 系统了解和掌握信息资源管理的基本理论、原理和原则；

(2) 认识和理解信息资源是一个国家和各种组织机构的重要资源和资产，理解信息资源管理的政策法律手段和经济分析方法以及信息资源与其他资源之间的关系；

(3) 熟悉各种信息的价值以及有效的信息的特征，熟悉信息用户和信息源；

(4) 理解和掌握信息内容管理、信息技术与信息系统管理的基本内容、原理、技术、方法和工具；

(5) 掌握不同组织机构的信息资源管理的目标、任务和模式；

(6) 正确评价信息资源在组织机构的决策和各种业务领域中的重要性、价值及其利用方式。

本课程的教学模块划分为(标有★号的为可选的内容)：信息资源管理概述；信息资源管理的理论基础；信息资源管理的政策和法律；信息内容管理与信息资源开发利用；信息技术管理(★)；政府信息资源管理(★)；企业信息资源管理(★)；公益性信息资源管理(★)；网络信息资源管理；信息资源管理的经济分析；信息主管(CIO)和知识主管(CKO)。

### 3. CIS2011.3 计算机网络及应用

本课程是信息管理与信息系统专业必修的一门核心课程，其先修课程包括计算机文化基础和计算机硬件与系统软件。本课程需要一定的实验课时，以便进行案例教学和组网实验。

本课程的目标和要求如下：

(1) 从应用角度出发，掌握计算机网络的基本原理及组成；

(2) 掌握计算机网络的基本概念和相关的新概念、名词及术语；

(3) 了解计算机网络的发展特点、设计技巧和方法，能够基本承担网络系统集成工作；

(4) 能够操作使用和管理常见计算机网络。

本课程的教学模块划分为：计算机网络概述；协议分层的基本概念；物理层；数据链路层；网络层；传输层；应用层；局域网与广域网；Internet；网络管理与维护；网络安全；计算机网络发展的新技术。

#### 4. CIS2011.4 数据结构

本课程是信息管理与信息系统专业学生必修的核心课程，课程内容包括各种典型数据逻辑结构在计算机中的存储与处理方法。课程的各个知识点独立于具体的实现语言，但在课程讲授和学习过程中，需要借助于一种具体的语言进行描述。抽象数据型(ADT)是贯穿整个课程的概念，在确定具体的描述语言后，需要将ADT与程序语言中的相关概念建立起联系，并通过课程的学习深刻理解其内涵。

本课程的目标和要求如下：

(1) 理解抽象数据型(ADT)的概念；

(2) 掌握线性表、树、图等常用数据结构的存储表示；

(3) 掌握线性表、树、图等常用数据结构基本操作的实现方法；

(4) 掌握设计基本数据结构并在此基础上进行复杂程序设计的技巧。

本课程的教学模块划分为：引言；线性表、栈和队列；树；图；排序和查找；文件组织。

#### 5. CIS2011.5 数据库系统原理

本课程是信息管理与信息系统专业的一门必修的主干课程。它是多门后续课程的专业基础课。学习和了解数据库的基本概念、基本理论和基本原理，初步掌握数据库设计方法，对于信息管理以及信息系统建设工作至关重要。

本课程的目标和要求如下：

(1) 掌握数据库系统的基本概念；

(2) 掌握关系数据库的基本原理；

(3) 熟练使用SQL语言；

(4) 掌握关系数据库设计方法和步骤，具有设计数据库模式以及开发数据库应用系统的基本能力；

(5) 了解数据库管理的基本方法；

(6) 了解数据仓库的基本概念。

本课程的教学模块划分为(标有★号的为可选的内容)：数据库系统的基本概念；关系数据库；关系数据库标准语言SQL；数据库管理；关系数据库规范化理论；数据库设计；关系数据库产品简介(★)；数据库新技术(★)。

#### 6. CIS2011.6 系统分析与设计

本课程是一门以“信息系统”为主要研究对象，以“系统开发”为主要教学内容，以理论指导实践为主要教学目标的信息管理与信息系统专业必修的核心课程。本课程借助适当的案例教学和小组研讨,培养学生对新知识的"学习能力"、对问题的综合"分析能力"以及对所学知识的"应用能力"。通过本课程的学习,未来的信息技术开发人员可以掌握从事信息系统建设所需的基础知识和技能。

本课程的目标和要求如下:

(1) 了解信息系统工程的基本概念、国内外应用的现状和发展趋势;

(2) 掌握信息系统开发的相关的理论和方法,包括:信息系统的规划、开发方法,分析和设计方法等;

(3) 掌握信息系统实施、运行与管理的方法和工具;

(4) 通过案例实践,深入理解信息系统的分析与设计过程。

本课程的教学模块划分为(标有★号的为可选的内容):信息系统工程概述;信息系统的规划;信息系统开发方法;信息系统分析;信息系统设计;面向对象的分析与设计;信息系统实施;系统运行、维护和评价;系统开发环境与工具(★);信息系统工程的最新发展(★);信息系统开发案例。

### 7. CIS2011.7 信息组织

本课程讲授信息组织的基本概念、历史背景、理论与实践方面的相关内容,强调对目录、索引、书目的使用以及网络浏览器的功能与使用的理解,介绍资源描述、元数据、受控词汇、分类与社会书签,培养学生对信息组织的整体认识。

本课程的目标和要求如下:

(1) 能够解释为文档提供书目访问与知识获取的规则与系统中的概念;

(2) 基本理解信息组织的主要常用方法,包括编目、分类、标引与摘要以及书目;

(3) 能够批判性地分析每种书目系统的优势与不足;

(4) 能够为一个小型的收藏设计一个简单的书目工具;

(5) 了解信息组织的当前问题。

本课程的教学模块划分为:信息组织介绍与历史;元数据概念与信息检索;描述性编目(标准、编目规则与规范控制);主题分析;受控词汇、标引与词表;分类;分类系统、模式与实验;企业信息组织;信息可视化与呈现;信息构建(IA)及其应用;信息组织的发展。

### 8. CIS2011.8 商务智能方法与应用

本课程讲授商务智能的概念、方法和应用方面的相关内容,培养学生在信息社会中利用大规模数据进行信息分析、获取知识以支持管理决策的能力。

本课程的目标和要求如下:

(1) 认识在信息技术飞速进步、互联网应用日趋广泛的背景下利用大规模数据进行信息分析、获取知识以支持管理决策的重要性。

(2) 了解商务智能及其过程的基本概念、主要环节和要素特征;理解在线事务处理、在线分析处理和知识发现的含义,以及它们在支持管理决策中的作用。

(3) 了解商务智能的技术基础,包括数据仓库和数据预处理技术;掌握商务智能的若干基本方法,包括关联规则挖掘、聚类和分类分析等。

(4) 认识商务智能的广阔应用领域和构建环境;了解商务智能在面向复杂数据类型、实时与移动环境下的应用前景。

本课程的教学模块划分为:商务智能概念及其过程;商务智能方法;商务智能基础技术;商务智

能应用领域及构建环境；商务智能深度应用与发展。

### 9. CIS2011.9 信息系统项目管理

本课程对信息系统项目管理所涉及的范围管理、时间管理、成本管理、质量管理、资源管理、沟通管理、风险管理、采购管理以及项目管理的五个过程——启动、计划、执行、控制和收尾进行阐述，对各个知识领域中涉及的过程、方法、技术及工具进行详细讨论。本课程是具有信息系统特点的项目管理，在五大过程和九大知识模块中，既有IS鲜明的特性，又有和一般项目共同之处。此外，对信息系统项目的建设与评价、配置管理、需求管理以及信息系统项目管理中企业内外部资源有效规划和使用、项目群管理等进行了分析。

本课程的目标和要求如下：

(1) 了解信息系统项目的特点、信息系统项目管理的基本概念；

(2) 掌握进行信息系统项目范围管理、时间管理、成本管理、质量管理、人力资源管理、沟通管理、风险管理、采购管理、整体管理的基本原理和方法；

(3) 掌握信息系统项目的全过程，提高学生的IS项目管理的能力；

(4) 学会如何通过各种手段对信息系统项目管理进行有效的执行与控制；

(5) 掌握信息系统项目管理常用的技术与工具。

本课程的教学模块划分为：信息系统项目概述；信息系统项目的建设与评价；信息系统项目的需求与范围管理；信息系统项目的时间管理；信息系统项目的成本管理；信息系统项目质量与风险管理；信息系统项目配置管理；信息系统项目人力资源与沟通管理；信息系统项目采购管理；信息系统项目执行、控制与收尾；信息系统项目实习作业。

### 10. CIS2011.10 信息检索

信息检索是指对信息进行分析、加工、组织和存储，建立数据库或检索文档，并根据用户的需要从数据库(或者文档)中找出相关信息的过程。通过本课程的学习，系统了解和掌握信息存储与检索的基本原理、基本技术、基本工具和方法。

本课程的目标和要求如下：

(1) 了解和掌握信息检索的概念含义、内容范围、现状与发展趋势，深入理解人类的信息需要和搜索行为；

(2) 熟练掌握传统检索工具的内容、功能和使用方法，信息检索服务的内容、流程、运营模式和管理，以及主要的联机(在线)检索服务系统和数据库的内容结构、功能、查询技术和方法；

(3) 熟练掌握主要的网络搜索引擎的功能结构、工作原理、特色和使用方法；

(4) 了解和掌握信息检索的前期基础工作——信息资源的加工处理、组织和存储的一般原理、方法和支撑技术；

(5) 了解和基本掌握信息检索系统评价的基本方法和指标；

(6) 了解和初步掌握信息检索的基本理论和主要数学模型，以及信息资源数据库、信息检索系统和网络搜索引擎的设计、开发和实施的原理、流程、技术和方法，能独立编写或设计与信息检索有关的小型程序与系统。

本课程的教学模块划分为(标有★号的为可选的内容)：导论；信息检索系统；Web和搜索引擎；实用联机检索服务系统；信息检索的基本方法和技术；信息检索系统模型(★)；信息自动分析处理技术(★)；信息检索系统设计与实现(★)；信息检索系统评价；信息检索的发展趋势。

### 11. CIS2011.11 电子商务

本课程是信息管理与信息系统专业的一门专业必修课程，建议先修课程包括《计算机基础》、《计算机网络》和《管理信息系统》等。

本课程的目标和要求如下：

(1) 了解电子商务的基本概念、发展和体系结构；

(2) 掌握电子商务的实现技术、手段和方法；

(3) 掌握电子商务涉及的标准化、安全体系、法律和服务体系；

(4) 把握电子商务与供应链管理等新型管理模式的关系；

(5) 具备分析和建立电子商务模型及开发电子商务应用系统的能力。

本课程的教学模块划分为：电子商务概述；商务活动与贸易流通；物流与物流配送；电子支付与网络银行；EDI 与标准化；信息安全与技术；电子商务法律；认证机构(CA) 与信用体系；电子商务应用；电子商务的发展与未来。

### 12. CIS2011.12 企业信息系统及应用

企业信息系统(Enterprise Information Systems,EIS)是在企业各部门共享信息和统一数据库的条件下,集成信息和组织的过程,应用有关理论和方法建立的企业组织内部信息的系统。企业信息系统涵盖了企业流程再造(BPR)、企业资源计划(ERP)、制造执行系统(MES),以及所相关联的供应链管理(SCM)、商业智能(BI)及电子商务(EC)等内容,是集现代企业管理与信息技术应用的综合性课程。

本课程的目标和要求如下：

(1) 了解 EIS 的概念、内容和指导思想；

(2) 了解业务需求与业务流程再造(BPR)的原理；

(3) 把握 ERP、MES、SCM、BI 和 EC 及关系；

(4) 掌握 ERP 的基本原理、体系结构和各个功能模块；

(5) 掌握 ERP 系统实施的过程和方法论,以及系统的选择方法。

本课程的教学模块划分为：企业信息系统 EIS 概述；业务需求与业务流程再造(BPR)；企业资源计划(ERP)；供应链管理(SCM)与企业战略联盟；ERP 与 SCM、BI 及 EC；ERP 基本原理与制造执行系统(MES)；ERP 的计划与采购管理；ERP 的生产管理；ERP 的销售与物流管理；ERP 的人力资源与财务管理；EIS 项目实施及方法论；EIS 软件的选择。

## 四、CIS2011 的实践教学要求

在高校教育改革的今天,培养应用型人才是大学本科教育的目标和方向,因此对实践教学环节则更加重视。CIS2011 也对实践教学环节提出了相关建议。信息管理与信息系统专业的实践教学内容可包括课程实验、课程设计、专业实习、课外实践、毕业实习与毕业设计五个环节。

### 1. 课程实验

课程实验主要是针对课程内容相关知识点设计的实验,按照循序渐进的原则安排,通常和理论课的内容紧密结合来进行设计。通过课程实验使学生加深对课堂理论知识的理解,并对其进行验证,能够启发学生对所学知识的深入思考,达到理解和掌握课程知识、培养动手能力的效果。

**2. 课程设计**

课程设计是指和课程相关的某项实践环节，可以是一门课程为主的，也可以是多门课程综合的，通常以课程和实际问题为背景独立解决一个相对完整的问题。课程设计强调综合性和设计性，建议以3～5人为小组完成。通过课程设计培养学生综合一门或多门课程所学知识解决实际问题的能力，同时也初步培养学生的团队协作精神。

**3. 专业实习**

专业实习是让学生直接参与信息系统专业相关的实习活动，以进一步了解、感受未来将要从事的实际工作，从而更进一步明确自己的学习目标。专业实习一般应该安排在实习基地、IT企业、信息系统应用企业、信息资源服务机构等相关单位进行，部分内容也可以与课外实践活动相结合。

专业实习的内容可以根据学生的课程进度和实习基地的情况适当安排，最好能够直接结合企事业单位的信息化工程等实践工作进行。包括系统认知实习、信息系统开发与项目管理实践、信息系统运行管理实践和信息资源管理实践等。

**4. 课外实践**

学生在校期间应该以多种方式参加课外实践活动，包括参加社团公益活动、学科竞赛、兴趣小组、社会调查、社会服务等，通过课外实践进一步激发学习本专业的兴趣与热情。特别鼓励学生参加各种学科竞赛活动，培养学生的团队协作意识和创新精神。

**5. 毕业实习与毕业设计**

毕业实习可以是毕业设计之前的一个实践环节，也可以和毕业设计是一个统一的环节。毕业实习和毕业设计的目的是让学生对大学四年学习中所获得的知识掌握情况、学习和接受新知识、新技术的能力以及解决实际问题的能力进行检验。让学生在毕业前综合运用所学理论知识、方法和技能，了解在实际工作中如何进行有关信息管理与信息系统方面的业务活动，并通过参与开展实际工作，培养和强化学生的社会沟通能力；培养学生面对现实问题的正确态度和独立分析解决问题的基本能力。毕业实习可以视为学生从学校环境到社会大环境的一个过渡和缓冲，为今后较顺利地走上工作岗位打下一定的基础。

## 五、结语

CIS2011参照了IS2009/2010，具有一定的前瞻性；同时也结合了国内的实际情况，所以也更具科学性和实用性。相信CIS2011会和CIS2005一样引起各个学校的重视，会对提升高校信息系统学科和专业的建设水平起到重要作用，在大家的共同努力下为我国经济建设和信息化建设培养更多高水平的人才。

## 附A：CIS2011课题组成员(按拼音顺序)

陈国青　清华大学（组长）　　陈　红　中国人民大学
赖茂生　北京大学　　李　纲　武汉大学

| | | | |
|---|---|---|---|
| 刘红岩 | 清华大学 | 刘咏梅 | 中南大学 |
| 卢　涛 | 大连理工大学 | 卢先和 | 清华大学出版社 |
| 鲁耀斌 | 华中科技大学 | 牛东来 | 首都经济贸易大学（秘书长） |
| 毛基业 | 中国人民大学 | 索　梅 | 清华大学出版社 |
| 王　君 | 北京航空航天大学 | 张　新 | 山东经济学院 |

## 附B：参与研讨审阅的顾问专家学者（按拼音顺序）

| | | | |
|---|---|---|---|
| 陈　禹 | 中国人民大学 | 陈智高 | 华东理工大学 |
| 崔　巍 | 北京信息科技大学 | 甘仞初 | 北京理工大学 |
| 郭迅华 | 清华大学 | 郝兴伟 | 山东大学 |
| 黄丽华 | 复旦大学 | 蒋国瑞 | 北京工业大学 |
| 邝孔武 | 北京信息科技大学 | 李　东 | 北京大学 |
| 李一军 | 哈尔滨工业大学 | 李敏强 | 天津大学 |
| 梁昌勇 | 合肥工业大学 | 凌　鸿 | 复旦大学 |
| 刘　鲁 | 北京航空航天大学 | 马费成 | 武汉大学 |
| 毛　波 | 清华大学 | 齐二石 | 天津大学 |
| 戚桂杰 | 山东大学 | 荣毅虹 | 首都师范大学 |
| 沈　波 | 江西财经大学 | 孙建军 | 南京大学 |
| 王刊良 | 中国人民大学 | 王　珊 | 中国人民大学 |
| 王　媛 | 天津大学 | 吴功宜 | 南开大学 |
| 吴晓波 | 浙江大学 | 夏火松 | 湖北纺织大学 |
| 薛华成 | 复旦大学 | 严建援 | 南开大学 |
| 杨善林 | 合肥工业大学 | 姚　忠 | 北京航空航天大学 |
| 张金隆 | 华中科技大学 | 章　宁 | 中央财经大学 |
| 赵捧未 | 西安电子科技大学 | 左美云 | 中国人民大学 |

**作者简介**

索梅，清华大学出版社副编审，E-mail：suom@tup.tsinghua.edu.cn。

牛东来，首都经济贸易大学信息学院教授、副院长，E-mail：niudljp@sina.com。

## 学术动态

### 近期主要活动

√ 2010年7月9—12日，第十四届亚太信息系统大会(Pacific Asia Conference on Information Systems，PACIS 2010)在中国台北成功举办。PACIS是国际信息系统学会(AIS)主办的三大区域性学术会议之一，代表了亚太地区管理信息系统研究的总体水平和学术前沿。此次会议由台湾大学承办，会议主题是“信息系统研究中的服务科学”(Service Science in Information Systems Research)，同时关注IT治理、电子商务与移动商务、信息技术采纳与扩散、社会及组织因素对IT/IS影响等相关问题。AIS主席Joey F. George教授(美国佛罗里达州立大学)、MIS Quarterly主编Detmar Straub教授(美国佐治亚州立大学)受邀做大会报告。

√ 2010年8月2—4日，第九届关于计算智能的基础与应用FLINS国际会议(The 9th International FLINS Conference on Foundations and Applications of Computational Intelligence(FLINS 2010)，http://sist.swjtu.edu.cn/FLINS 2010/)在峨嵋山红珠山宾馆顺利召开。此次国际会议由西南交通大学主办，清华大学、电子科技大学、四川师范大学、西南财经大学、西南民族大学、西华大学、比利时国家核研究中心(Belgian Nuclear Research Centre(SCK · CEN)，Belgium)、比利时根特大学(Gent University，Belgium)、澳大利亚悉尼科技大学(University of Technology，Sydney，Australia)等协办。会议得到了国家自然科学基金委的资助和指导，也得到了教育部国际合作与交流司等单位的大力支持与合作。此次国际会议吸引了来自中国、美国、加拿大、法国、英国、德国、澳大利亚、比利时、西班牙、土耳其、捷克、巴西、日本、韩国、巴基斯坦、卢旺达等16个国家的107名专家学者，共录用论文177篇。会议共组织了18场分组学术报告会(112个报告)和1个张贴报告会(61篇文章)，与会者进行了广泛、深入的交流。此次大会的圆满召开，极大地促进了计算智能的理论及应用的研究，也促进中国与国际研究机构及大学广泛的交流、合作。

√ 海峡两岸信息管理发展与策略学术研讨会(CSIM 2010)于2010年8月5—6日在香港城市大学举行。会议主题为：无处不在的电子商务：信息服务管理。在这个信息技术在国际舞台越趋重要的年代，海峡两岸信息管理发展与策略学术研讨会(CSIM 2010)作为互动、交流专业意见及探讨如何利用信息技术活化整个地区的平台，将大中华地区的学者、专业人才、政策制定者和未来的学者及商业领袖聚于一堂，共同分享学术成果和研究经验。

√ The 10th International Conference on Electronic Business(ICEB 2010)于2010年12月1—4日在上海举行。此次会议旨在为电子商务领域的专家学者、相关企业及专业从业人员等提供一个国际化的交流平台，分享最新研究成果及实践经验，并对电子商务方面的热点议题进行深层次的交流。

√ 2010年12月19—21日，2010年国际电子商务智能会议(ICEBI 2010)在云南昆明举办。大会由信息系统协会中国分会(CNAIS)、清华大学主办，云南财经大学承办，并邀请了Hsinchun Chen、Paul Hofmann、Vipin Kumar、Alexander、Tuzhilin、Christopher Westland等国际信息系统领域知名的专家学者做大会报告。会议以“电子商务智能与企业竞争优势”为主题，旨在加强国内外学术界和企业界的交流，推动电子商务智能的理论创新及在企业的应用。

**活动预告**

√ “信息管理与信息系统专业建设与课程(体系)建设研讨会”将于2011年5月13—15日在北京中央财经大学举行,此次会议由教育部高等学校管理科学与工程类学科专业教学指导委员会、国际信息系统协会中国分会(CNAIS)和清华大学出版社主办,中央财经大学、北京信息科技大学承办,目的是研讨和推广信息系统特色专业建设的成果、交流精品课程教学和建设的经验,追踪信息技术的发展,提高信息管理与信息系统专业的人才培养质量。会议将邀请信息管理与信息系统专业原国家级特色专业的高校代表进行大会报告,以及开展“管理信息系统”、“系统分析与设计”、“计算机网络”课程解析及教学研讨。

√ 第十届武汉电子商务国际大会将于2011年5月28—29日在武汉举行。该届大会由中国地质大学(武汉)电子商务国际合作中心、中国地质大学(武汉)经济管理学院、美国Alfred大学商学院、美国国际商务交流公司主办,信息系统协会中国分会、中国信息经济学会基础理论专业委员会、德国海登海姆市巴登-符腾堡州州立合作大学、美国伊利诺理工学斯图尔特商学院、华中科技大学管理学院、武汉大学商学院、武汉大学信息管理学院、武汉理工大学管理学院、《信息系统学报》、《管理学报》等国内外多个院所共同协办。

√ CNAIS将于2011年12月2—4日在上海举办第四届全国大会(CNAIS 2011),会议由信息系统协会中国分会(CNAIS)主办,同济大学承办,信息系统协会(AIS)、中国系统工程学会、中国信息经济学会作为支持单位。主题为“中国信息系统研究:新兴技术背景下的机遇与挑战”。大会将邀请多位国内外知名学者到会做主题报告,并以分会场报告形式为与会代表提供交流的良机。期间,还将举办有关学科发展与课程体系建设的主题研讨,邀请教育部管理科学与工程类学科教学指导委员会以及国家自然科学基金委的专家到会介绍相关动向。在CNAIS 2011大会之后,2011年国际信息系统大会(ICIS 2011)将紧接着于12月5—7日在上海举行,这也是ICIS这一信息系统领域顶级国际会议首次在中国举行,将为中国学者了解国际潮流趋势、拓展视野、增进国际交流提供一次难得的机会。

# 更正启事

《信息系统学报》第7辑《国际信息系统研究者群体的地域分布及合作模式探讨》一文中有一处错误，现更正如下：第87页，图2中的粗黑线条应代表“多作者合著”，而细线条代表“单一作者”。特此说明。